한국의 꽃 역사 이야기

한국의 꽃

역사 이야기

선사시대부터 해방 전까지
선조들의 원예 활동을
중심으로 보는

김규원

구대회 김은아 김정희
박경일 박대승 임영희 최정두
지음

안티재

우리나라에는 4,000종이 넘는 풀과 나무가 숲과 초원을 이루고 있다. 민꽃식물, 꽃식물, 육상식물, 수생식물, 직립식물, 덩굴식물 등 관상 가치가 있는 아름다운 꽃은 약 600종이라고 한다. 원예 활동에 필요한 식물 소재로는, 들과 산에서 자라는 야생종으로 우리의 자생종과 외래종이 있고, 재배종으로 야생종의 개량종과 자연에 존재하지 않았던 잡종 식물도 있다.

식물의 관상 부위는 꽃, 줄기, 잎, 열매, 식물체 전체를 대상으로 하지만, 가장 중요한 부위는 역시 꽃이다. 꽃은 식물의 생식기관이지만 모양이 예쁘고 빛깔이 화려하고 향과 생명력이 있어서 사람들의 눈길을 끈다. 우리는 아름다운 식물의 집단인 화훼(floricutural crops)나 관상식물(ornametal plant), 꽃집에서 판매하는 풀과 나무들을 통칭하여 '꽃'이라 부르고, 때로는 어느 한 나라의 모든 식물을 뭉뚱그려 부를 때에도 '꽃'이라고 한다. 이 책에서도 화훼원예의 대상으로서의 식물을 누구나 알 수 있고 친숙한 '꽃'이라는 단어로 통칭하였다.

우리 선조들은 이 땅에서 70만 년을 꽃과 함께 살아왔다. 우리 선조들은 선사시대부터 꽃의 아름다움을 인식하고 꽃을 활용하였다. 역사시대가 시작되면서 씨앗을 뿌리거나 뿌리 달린 다양한 꽃을 마당에 심어서 꽃밭을 만들었다. 연못을 만들어서는 연꽃 등의 수생식물을 심고, 못 주변에는 화초와 화목을 심었다. 꽃을 화분에 심어 분화 기르기를 하고, 용기의 물에서 꽃을 기르기도 했다. 분화와 절지의 꽃을 제철이 아닌 한겨울과 늦봄에 피우고, 한 포기에서 여러 빛깔의 꽃을 피우고, 홑꽃과 겹꽃이 같이 피는 나무를 만들었다. 천연의 염색 소재 식물로 꽃 빛깔을 바꾸고, 나무에서 피는 꽃을 작게 만들고, 초여름부터 초겨울까지 꽃을 피워서 꽃의 감상 기간을 늘리고, 지팡이를 땅에 꽂아서 나무로 만들었다. 잘린 꽃으로는 몸과 의상을 장식하고, 수반과 꽃병에 꽃꽂이를 하였다. 꽃을 공양과 선물 소재로 쓰고, 절화와 분화로는 연회장의 공간과 테이블을 장식하였다. 꽃과 관련된 문헌 속의 이런 이야기들에서, 참신한 발상과 기술로 다양한 원예 활동을 한 선조들의 모습을 엿볼 수 있다.

조선 후기에는 분화가 환전식물, 곧 농작물이 되어 비싼 가격으로 판매되었다. 분화를 생산하여 서울의 시장이나 번화가에서 판매를 하고, 해방 전에는 꽃가게에서 절화와 분화, 꽃바구니, 화환 등의 꽃 장식품을 판매하는 화훼원예가 발달한다. 이때부터는 취미 원예와 화훼원예가 공존하는 우리의 꽃 역사가 시작된다.

우리나라 사람들은 오랫동안 어려운 시기를 많이 겪다 보니 꽃꽂이는 부유층 여인들의 소일거리나 취미라 생각하고 꽃은 사치품으로 여기는 풍조가 있었다. 이럴 즈음 선진국에서는 플로리스트와 플라워디자이너 제도를 시행하여 왔다. 그리고 획기적인 일로, 꽃장식이 국제기능올림픽대회(2001년, 서울)와 국제장애인기능올림픽대회(2003년, 인도)에서 정식 경기종목으로 채택되었다. 우리나라에서도 국제적인 흐름에 부응하여 최근 화훼장식기능사, 화훼장식산업기사, 화훼장식기사 제도를 시행하고 있다. 우리나라는 국제기능올림픽 등 다양한 국제대회에서 좋은 성적을 내고 있다. 지금은 꽃 장식 기술로 나라 사이에 경쟁을 하고 꽃으로 돈벌이를 하는 시대인 것이다.

현재 우리나라에는 꽃의 생산, 유통, 장식을 생업으로 하는 사람들이 수만 명에 이르고, 중앙과 지방정부, 연구소, 대학 등에는 수많은 꽃 관련 공무원과 연구자들이 있다. 꽃은 사치품도 귀중품도 아니고, 생활용품이자 기호품이며 농산물이다. 그럼에도 꽃에 대한 이해와 관심이 부족한 것은 무척 아쉬운 일이다.

이러한 문제의식을 가지고, 우리 선조들은 언제 어디서 어떤 꽃을 어떻게 활용하였는지, 문헌에 나타난 선인들의 원예 활동과 이에 필요한 기술도 알아보고, 여기에 이론을 덧붙여서 우리의 꽃 역사를 체계화하고자 하였다. 1부에서는 시대별로 꽃의 활용 특성과 선조들의 원예 활동을 살펴보고, 2부에서는 문헌에 나타난 우리의 꽃과 나무에 대해 정리하였다. 문자로 꽃 이름이 등장하는 서기전 1세기부터 해방 전까지 원예 활동에 쓰인 식물들을 소개하고, 어려운 원예 용어는 누구나 알 수 있도록 설명을 덧붙였다.

모쪼록 이 책을 읽는 모든 이들이 우리의 꽃과 선조들의 원예 활동을 자랑스럽게 여기게 되고, 꽃에 대한 관심과 이해가 높아져 꽃과 사람과의 관계가 더욱 친밀해지길 기대한다.

차
례

책을 펴내며 • 4

1부
시대별로
살펴본 꽃과

선조들의
원예 활동

선사시대의 꽃 • 18
구석기시대의 꽃 | 신석기시대의 꽃 | 청동기시대의 꽃 |
초기 철기시대의 꽃

삼국시대의 꽃 • 24
서기전 1세기의 꽃 | 1세기의 꽃 | 2세기의 꽃 | 3세기의 꽃 |
4세기의 꽃 | 5세기의 꽃 | 6세기의 꽃 | 7세기의 꽃

통일신라시대의 꽃 • 38
7세기의 꽃 | 8세기의 꽃 | 9세기의 꽃 | 10세기의 꽃

고려시대의 꽃 • 50
10세기의 꽃 | 11세기의 꽃 | 12세기의 꽃 | 13세기의 꽃 |
14세기의 꽃

조선시대의 꽃 • 65

15세기의 꽃 | 16세기의 꽃 | 17세기의 꽃 | 18세기의 꽃 |
19세기의 꽃 | 20세기의 꽃

일제강점기의 꽃 • 114

2부
문헌과
그림으로
보는

관상용
풀과 나무

한해살이풀 • 123

금전화 | 맨드라미 | 백일홍 | 봉선화 | 색비름 | 해바라기

두해살이풀 • 130

개양귀비 | 양귀비 | 접시꽃

여러해살이풀 • 133

갈대 | 감국 | 국화 | 나리 | 나팔나리 | 난초 | 달리아 | 도라지 |
동양란 | 동자꽃 | 들국화 | 맥문동 | 범부채 | 베고니아 | 부들 |

붓꽃 | 산국 | 석곡 | 석창포 | 선인장 | 수련 | 수선화 | 순채 |
심비디움 | 연꽃 | 옥잠화 | 원추리 | 작약 | 제비꽃 | 참나리 | 창포 |
춘란 | 카네이션 | 털동자꽃 | 튤립 | 파초 | 패랭이꽃 | 풍란 |
하늘나리 | 한란 | 할미꽃 | 혜란 | 홍초

작은키나무 • 174

개나리 | 겹황매화 | 골담초 | 관음죽 | 금목서 | 눈향나무 |
명자나무 | 모란 | 목서 | 무궁화 | 박태기나무 | 부용 | 불두화 |
사계화 | 사철나무 | 산철쭉 | 서향나무 | 수국 | 아잘레아 |
앵두나무 | 영산홍 | 영춘화 | 옥매 | 왜철쭉 | 월계화 | 유자나무 |
장미 | 정향나무 | 조릿대 | 조팝나무 | 진달래 | 찔레나무 | 차나무 |
철쭉나무 | 치자나무 | 탱자나무 | 해당화 | 협죽도 | 호랑가시나무 |
황매화 | 회양목

중간키나무 • 210

감귤 | 능금나무 | 매화나무 | 복사나무 | 석류나무 | 소철 |
아그배나무 | 위성류 | 자귀나무 | 함박꽃나무

큰키나무 • 228

감나무 | 계수나무 | 금송 | 녹나무 | 느티나무 | 능수버들 |
단풍나무 | 대나무 | 대추나무 | 동백나무 | 두충 | 모과나무 | 목련 |
반송 | 반죽 | 밤나무 | 배나무 | 배롱나무 | 백목련 | 버드나무 |
벽오동 | 분죽 | 사과나무 | 산수유나무 / 살구나무 | 소나무 | 수양버들 |
오동나무 | 오죽 | 왕대 | 은행나무 | 자두나무 | 자목련 | 잣나무 |
종려 | 주목 | 죽순대 | 측백나무 | 편백나무 | 해송 | 향나무 | 호두나무 |
회화나무

덩굴식물 • 266

능소화 | 나팔꽃 | 다래 | 등 | 머루 | 여주 | 인동덩굴 | 포도 | 한련화

에필로그 • 271
참고 문헌 • 274

일러두기

- 이 책에 나오는 식물의 이름과 식물을 분류하는 기준은 『원예학용어 및 작물명집』에 따랐으며, 여기에 수록되지 않은 종은 『새로운 한국식물도감』을 참고하였다.
- 식물 이름은 자연분류법의 최소 기본단위인 종(種)의 이름으로 부르고 있다. 비슷한 종이 여럿 모이면 속(屬)이라는 단위를 이루고, 비슷한 속이 여럿 모이면 과(科)라는 단위를 이룬다. 속과 과 사이에는 아과(亞科)라는 분류 개념도 있다. 종보다는 속의 분류 단위가 크고 속보다는 아과나 과의 분류 단위가 크다.
- 왕의 연대는 재위 기간을 뜻하며, 왕 이외의 사람은 생몰 연대로 표기하였다.
- 원예 활동이 두 세기에 걸칠 때에는 원예 활동을 많이 한 시기에 중심을 두었다. 나무는 씨앗을 뿌리고 꽃이 피고 열매가 맺을 때까지 수년이 걸리기 때문이다.
- 사료에 등장하는 봄은 음력 1~3월, 여름은 4~6월, 가을은 7~9월, 겨울은 10~12월을 말한다.
- 문헌에 등장하는 식물 이름은 우리말로 번역한 이름을 먼저 쓰고, 원문에 나오는 한자를 병기하였다.

1부 시대별로 살펴본 꽃과 선조들의 원예 활동

한반도에는 산, 언덕, 들, 강, 개울, 호수, 연못, 습지 등이 많고, 사람이 나타나기 전부터 가래나무, 감나무, 고사리, (들)국화, 녹나무, 느티나무, 단풍나무, 동백나무, 목련, 버드나무, 소나무, 주목, 측백나무, 후박나무 등의 아름다운 풀과 나무가 숲과 초원을 이루어 왔다. 온대 지역이라 봄꽃, 여름 녹음, 가을 단풍, 늦가을 서리꽃, 겨울 눈꽃 등 사철 색다른 풍경이 연출되어, 예로부터 한반도는 금수강산이라 불려 왔다. 움집, 초가집, 기와집 등 사람이 사는 곳의 주변에는 늘 아름다운 자연 정원이 있었다.

여기에 더하여, 한반도에 외래종이 들어오기도 하고, 우리나라에서 자라는 식물이 외국으로 나가기도 했다. 선조들은 들과 산에서 자라는 수많은 꽃을 감상하면서, 봄꽃이 제철이 아닌 겨울이나 가을에 피는 특이한 개화, 두 나무의 가지가 서로 붙는 연리지, 바위 위에서 자라는 소나무 등과 같은 희귀한 자연현상뿐 아니라, 꽃의 생태, 형태 등에 대한 관찰도 기록으로 남겼다. 사람들이 사는 마을 주위는 아름다운 풀과 나무가 자라는 금수강산이었지만, 우리 선조들은 그에 만족하지 않고 꽃을 직접 활용하는 다양한 원예 활동을 하였다. 씨앗과 뿌리가 달린 발근묘(發根苗, 씨앗에서 자란 묘, 접붙이기나 꺾꽂이를 한 후 뿌리가 내린 묘)로는 꽃밭을 만들고, 화분에 꽃을 심어 분화(盆花)를 기르고, 잘린 꽃인 절화(折花)와 잘린 꽃가지인 절지(折枝)와 잘린 잎인 절엽(折葉)으로는 공간이나 테이블, 몸과 의상을 장식했으며, 꽃꽂이, 꽃다발과 꽃바구니 등의 꽃 장식품을 제작하고, 꽃 공양, 꽃 선물 등을 하였다. 이러한 선조들의 원예 활동은 그 내용이나 식물 소재가 지금과 크게 다르지 않았다.

뿐만 아니라, 특이한 원예 활동도 있었다. 분화와 절지를 제철보다 빨리 피우는 한겨울 촉성과 늦게 피우는 늦봄 억제를 하고, 한 포기나 한 그루에서 여러 빛깔의 꽃을 피우고, 홑꽃과 겹꽃을 한 그루에서 피우고, 천연염색 소재 식물로 꽃 빛깔을 바꾸고, 접붙이기와 전정으로 분화의 모양을 바꾸고, 초여름부터 초겨울까지 꽃의 개화기간을 늘리고, 절화와 절지의 품질을 유지하는 등의 상당한 기술이 있었다. 원예 활동에 필요한 씨앗으로 번식을 하는 한편, 휘묻이, 포기나누기, 꺾꽂이, 접붙이기 등의 영양번식을 하고, 옮겨심기, 묘 기르기, 꽃 피우기 등과 같은 육묘 등의 필수적인 기술이 있었다. 조선 후기에는 분화가 환전식물로 각광을 받자, 남부 지방에서 분화를 생산하여 서울에서 판매를 하는 수송원예가 발달하고, 해방 전에는 꽃가게에서 분화와 절화, 꽃 장식품을 판매하

한국의 꽃 역사 이야기

는 화훼원예가 발달한다. 조선 후기에는 취미의 원예 활동인 생활 원예와 프로의 화훼원예가 공존하는 시대가 시작된다.

언제 어디서 어떤 꽃이 어떻게 쓰였는지는 선사시대, 삼국시대, 통일신라시대, 고려시대, 조선시대, 해방 전으로 나누었다. 역사시대는 100년 단위로 세분화하였다. 각 시대의 세기별 기술 순서는, 비(非)원예 활동으로서 꽃 이름, 봄꽃의 겨울과 가을 개화, 연꽃과 연리지 발생, 꽃놀이, 꽃 감상, 가상 식물, 연꽃의 가상 현상, 꽃의 특성과 생장 습성, 꽃의 선호도, 꽃에 품격을 부여한 화목구품, 개화 시기 등을 기술하고, 이어서 씨앗이나 뿌리 달린 묘를 활용하는 꽃밭의 식물 소재, 분화 기르기, 분화의 촉성과 억제 등 뿌리 달린 풀이나 나무를 특이하게 활용하는 원예 활동에 대해 기술했다. 그리고 절화나 절지를 활용한 공간 장식, 테이블 장식, 꽃꽂이, 꽃 공양, 꽃 선물 등을 기술하고, 번식 등의 재배 기술, 꽃이 환전식물이 되는 화훼원예 등을 기술했다.

선사시대의 꽃

이 땅에 사람이 나타나는 약 70만 년 전부터 서기전 1세기 신라, 고구려, 백제의 삼국이 성립하기 전까지이다. 문자가 없었던 구석기, 신석기, 청동기, 초기 철기시대이다. 언제 어디서 어떤 꽃이 어떻게 쓰였는지는 동굴이나 움집, 옛무덤 등의 유적지에서 발견되는 꽃가루, 씨앗, 칠기, 바구니 등의 식물 유물과 유물의 꽃무늬 등으로 추정을 한다.

구석기시대의 꽃

이 땅에 사람이 나타나는 70만 년 전부터 신석기시대의 시작 전까지이다. 한반도는 중국과 일본과 붙어 있었으나 약 37만 년 전에는 삼면이 바다로 둘러싸인 지금의 모습을 갖추었다. 사람들은 약

69만 년이나 동굴에서 원시적인 생활을 하면서도 꽃의 아름다움을 인식하고 꽃으로 동굴 공간과 시신 장식을 하였다. 꽃과 사람과의 관계가 시작되고 꽃을 활용하는 꽃의 역사가 시작된다. 등장 식물은 모두 우리의 자생종(native species)이다.

구석기시대 충북 단양 남한강가의 금굴과 충북 청원 대청호수 부근의 두루봉 제2동굴 유적지에서는 꽃으로 동굴 공간을 장식하였다. 전기에는 국화, 붓꽃, 택사 꽃과 소나무 가지, 중기에는 소나무 가지, 후기에는 국화, 붓꽃, 쥐손이풀 꽃과 소나무, 주목 가지, 약 18만 년 전에는 국화, 백합, 쥐똥나무, 진달래꽃과 단풍나무, 소나무 가지가 발견되었다. 이들 절화(cut flower)와 절지(cut branch)는 봄꽃인 붓꽃과 진달래, 여름 꽃인 백합, 쥐손이풀, 택사, 가을꽃인 국화, 단풍잎, 사철 푸른 소나무, 주목 가지이다. 모두 관상용의 아름다운 풀과 나무라는 종의 공통성이 있다.

먹을거리도 부족한데 왜 아름다운 풀과 나무를 동굴 안에 가져다 놓았을까? 사람들은 꽃의 아름다움을 인식하고, 잘라 온 꽃과 나뭇가지를 아무렇게나 동굴 안에 던져 두었을 것이다. 그것은 자연스레 동굴의 공간 장식이 되었을 것이고, 사람들은 꽃의 아름다움과 향, 녹색을 음미하면서 심신의 고단함을 달랬을 것이다. 백합은 과나 속 수준의 이름이라 종 이름은 알 수 없다. 종(species)이란 분류학적으로 가장 아래 단위이고, 종이 여럿 모이면 속(genus), 속이 여럿모이면 과(family)라고 한다.

꽃의 아름다움을 인식한 또 다른 사례가 있다. 구석기시대 충북 청원의 두루봉 흥수굴에서는 약 4만 년 전 국화꽃으로 아이의 시신을 장식하였다. 얇은 석회석 위에 고운 황토를 깔고 그 위에 아이의 시신을 놓고 국화꽃을 놓아 둔 흔적이다. 국화는 우리의 들과 산에서 나는 감국, 산국 등의 이른바 들국화일 것이다.

다른 동물들은 꽃의 아름다움을 모르고 나비나 곤충은 꽃의 꿀만 찾을 뿐인데 사람만은 꽃의 아름다움을 인식한다. 구석기시대 사람들도 꽃의 아름다움을 인식하고 꽃으로 동굴의 공간과 아이의 시신을 장식하였을 것이다.

신석기시대의 꽃

약 1만 년 전부터 청동기시대가 시작되는 약 8천 년이다. 일부 사람들은 동굴 생활을 계속하지만 대부분의 사람들은 동굴에서 나와서 강가, 호숫가, 바닷가, 들, 언덕, 산비탈 등, 물이 있고 아름다운 풀과 나무가 자라는 경치 좋은 곳에 움집을 짓고 농사를 지으며 정착 생활을 하였다. 이때부터는 외래종(introduced species)이 등장하는데, 외래종은 새로운 볼거리를 제공하고, 꽃의 감상 기간을 확대하고, 꽃 애호가들의 욕구를 충족시키고, 종의 다양성을 확보하여 꽃의 육종 등에 기여를 한다.

충북 단양 남한강가의 금굴 유적지에서는 신석기시대 말의 국화, 녹나무, 명아주, 백합, 비름, 소나무, 천남성 등이 발견되었다. 이때에도 동굴의 공간 장식을 계속한 것으로 보인다.

한편, 경기 고양 가와지 마을의 움집 유적지에서는 서기전 3000년 무렵의 가래나무, 감나무, 개암나무, 국화, 느릅나무, 느티나무, 머루, 물봉선, 박태기나무, 밤나무, 백합, 복사나무, 비름, 소나무, 쑥, 오리나무, 팽나무, 호두나무 등이 발견되었다. 산포도 종류를 뭉뚱그린 이름이 머루이다. 이 가운데 가래나무, 감나무, 개암나무, 머루, 밤나무, 복사나무, 호두나무 등은 꽃이 아름답고 열매를 먹을 수 있는 유실수들이 한자리에 많이 모여 있다.

외래종이 어떻게 한반도에 왔을까? 식물은 뿌리를 내리고 한자리에 있다. 하지만 씨앗은 열매가 터질 때 튕겨 나오거나, 바람에 날리거나 물을 따라 흐르거나 동물의 털에 붙어서 이동한다. 또는 새나 동물들이 씨앗을 먹고 배설하거나, 사람이 열매를 먹고 씨앗을 버리는 행동을 통해 멀고 가까운 거리를 이동한다. 씨앗은 특이한 방식으로 움직여서 사람들은 씨앗이 국경을 넘나들어도 눈치를 채지 못한다. 이른바 자연 전래 방식이다.

한편, 한반도에 들어온 외래종의 운명은 두 부류로 나뉜다. 하나는 환경 적응력이 강해서 우리의 들과 산에서 귀화식물(naturalized plant), 곧 야생식물로 자라고, 다른 하나는 환경 적응력이 약해서 마을 주변이나 집 안에서 사람의 힘을 빌려서 재배식물(cultivated plant)로 자란다. 비름은 전자의 예이고, 박태기나무, 복사나무, 호두나무는 후자의 예이다. 움집 주변에서 자라는 외래종 박태기나무, 복사나무, 호두나무는 씨앗이 딱딱하고 커서 사람이 일부러 심어서 길렀을 것으로 보인다.

청동기시대의 꽃

약 2000년 전부터 철기시대가 시작되기 전까지인데 원예 활동의 흔적은 없다.

초기 철기시대의 꽃

부족국가시대, 삼한시대로 불린 서기전 3세기에서 꽃 이름이 등장하는 서기전 1세기까지로 하였다. 농사는 이랑과 고랑이 분명한 밭에서 지었다. 하늘을 섬기는 민속신앙이 있어서 봄가을에는 제천의식과 제사를 지냈는데, 거국적인 행사로 축제 분위기에서 진행되었다. 봄에는 씨앗을 뿌리고 풍년을 기원하고 가을에는 추수에 감사하며 놀이를 즐겼다. 우리 선조들은 자유분방하고 낙천적인 기질과 흥이 있어서 남녀노소가 밤낮을 가리지 않고 여러 날 술을 마시고 노래를 부르고 춤을 추며 즐겁게 지냈다. 이 의식은 훗날 꽃놀이와 단풍놀이로 발전되었을 것이다. 움집 주변에는 아름다운 나무들이 많이 자라고, 유물에는 고사리무늬가 새겨져 있고, 대나무로는 바구니 등의 생활용품을 만들고, 천연염색 소재 식물로 칠기의 빛깔을 냈다.

서기전 3~1세기 움집 주변에서 느티나무, 대나무, 밤나무, 머루, 살구나무, 소나무, 호두나무가 발견되었다. 대나무는 키가 큰 왕대속을 뭉뚱그린 속 수준의 이름이다. 대나무와 살구나무는 외래종의 재배식물이라 사람이 일부러 심었을 것이다. 전남 화순군 도곡면 대곡리 돌무지덧널 유적에서 출토된 청동팔주령에는 아름다운 고사리무늬가 새겨져 있고, 대구 수성구 지산동에서 출토된 청동거울 뒷면에도 수많은 고사리무늬가 있다.

서기전 1세기 경남 창원 다호리 고분 유적의 상수리나무 널 아래서는 대나무 바구니에 담긴 곶감, 밤, 콩, 부채, 붓, 죽간, 대나무 손칼 등이 발굴되었다. 대나무로 만든 부채, 필기도구 등의 생활용품을 만들었다. 또 다른 장소에서 발견된 칠기에는 붉은빛, 푸른빛, 노란빛 그림과 글씨가 있다. 칠기, 그림, 글씨는 천연염색 소재 식물을 활용하여 빛깔을 냈다. 칠기의 검은빛은 옻나무줄기, 그림과 글씨의 붉은빛은 꼭두서니 뿌리나 잇꽃(홍화) 꽃잎, 푸른빛은 쪽잎이나 닭의장풀 꽃잎, 노란빛은 울금(강황) 뿌리나 치자나무 열매 우린 물로 빛깔을 냈을 것이다.

삼국시대의 꽃

신라, 고구려, 백제의 삼국이 성립하는 서기전 1세기부터 통일신라시대가 시작되는 676년까지이다. 언제 어디서 어떤 꽃이 어떻게 쓰였는지, 유적과 유물의 꽃 그림, 꽃무늬, 꽃 조형물은 물론이고 문자 기록으로 원예 활동 등을 파악할 수 있는 진정한 꽃의 역사시대가 시작된다. 수많은 외래종이 나타나지만 이들 외래종은 특별한 경우를 예외로 하면 2부에서 기술한다.

서기전 1세기의 꽃

비원예 활동으로는 갈대, 버드나무, 소나무, 원추리 이름이 문자로 등장하고, 복사꽃과 오얏꽃이 겨울에 핀 특이한 개화 현상을 관찰한 기록이 있으나, 원예 활동의 흔적은 없다.

신라 시조 박혁거세는 서기전 69년에 경주 버들산마을 양산(버들산)의 한 숲속에서 알로 발견되고, 동부여에서 물의 신으로 불린 하백에게는 유화(버들꽃), 헌화(원추리꽃), 위화(갈대꽃)라는 세 딸이 있었다. 큰딸 유화는 서기전 59년에 고구려 시조 주몽을 알로 낳았다. 백제 시조 온조(서기전 18)는 주몽의 아들이자 유화의 손자이다. 고구려 유리명왕(서기전 19~18)의 왕비 이름은 소나무, 송씨였다.

왜 버드나무가 건국 신화에 나올까? 버드나무는 암수딴그루의 큰키나무이다. 물에서 잘 자라고, 줄기가 늘어지고, 잎이 나기 전 꽃이 먼저 피고, 씨앗은 버들 솜으로 흩날리고, 잘린 가지에서는 새싹과 새 뿌리가 잘 나고, 잎은 좁고 길고 끝이 뾰족한 버드나무의 모양과 생태, 생장 습성이 특이하다. 버드나무는 중생대부터 이 땅에서 자라고 주변에 흔하여 우리 선조들과 친숙하다. 고대 사회는 자연과 정령을 숭배하고 큰 나무를 신성시하였는데, 몽고, 러시아, 중국에서는 버들을 숭배하는 민속신앙이 있는 것 등을 감안하면 버들은 시조왕의 신격화에 좋은 소재였을 것이다.

서기전 16년 백제 위례성에 천둥이 치고 복사꽃과 오얏꽃이 10월 겨울에 피었다. 한 해에 꽃이 두 번 핀 특이한 개화 현상으로 통일신라시대까지 백 년에 한 번꼴로 나타났다. 개화(flowering)는 꽃봉오리에서 꽃잎이 열리고 생식기인 암술과 수술이 드러나는 현상으로, 배우자를 만나서 생식(reproduction)을 할 때가 되었다는 신호이다. 복사나무와 오얏나무의 꽃눈(flower bud)은 여름에 형성되어 가을과 겨울을 지나서 이듬해 봄에 꽃이 핀다. 식물은 생식 본능이 강해서 환경이 적합하지 않으면 본능적으로 자식인 씨앗을 만들려고 한다. 꽃눈이 가을을 지나면서 우박, 서리, 저온, 건조 등의 기상이변으로 체온이 떨어지고 초겨울에 기온이 올라가면 계절을 착각하고 꽃으로 자랄 수 있지만, 겨울에 핀 꽃은 곤충이 없고 기온이 낮아서 생식은 불가능하다. 지금은 오얏나무를 자두나무라고 하나, 꽃의 역사 차원에서 사료대로 오얏나무로 표기를 하였다.

1세기의 꽃

비원예 활동으로는 매화꽃이 가을에 피고, 꽃이 비유와 생활용품의 소재로 쓰인 기록은 있으나, 원예 활동의 흔적은 없다. 고구려 대무신왕(41) 3월 국내성에 우박이 내리고, 7월에 서리가 내려서 곡식이 피해를 입고, 8월 가을에 매화꽃이 피었다. 매화꽃의 가을 개화는 복사꽃과 오얏꽃의 겨울 개화 원리와 같다.

국내성은 지금의 중국 땅이므로 서울보다 겨울 추위가 일찍 오고 기상변화도 더 컸던 것 같다. 가야 시조 수로(43)는 여뀌 잎처럼 좁지만 지형이 아름답다며 경남 김해를 도읍지로 정하였다. 수로(48. 7. 27.)는 김해로 배 한 척이 들어오자, 계수나무로 만든 돛을 세우고 함박꽃나무로 만든 노를 저어서, 인도 공주 허황옥 일행을 맞이하고 난초로 만든 음료와 혜로 만든 좋은 술을 대접하였다. 허황옥은 부왕의 명으로 왔다면서 신선이 먹는 대추를 가지고 왔다. 두 사람은 부부의 연을 맺고 수로왕은 158세, 왕후는 157세까지 살았다. 난초는 난초과를 뭉뚱그리는 과 수준의 이름이다. 혜는 혜란으로 보인다.

2세기의 꽃

비원예 활동으로는 연꽃이 자연에서 발생하였다. 신라 지마왕(123) 5월에 경주 동쪽 한 민가의 땅이 꺼져서 연못이 생기고 그 연못에서 연꽃이 솟아났다. 연꽃의 첫 발생 기록이다. 사람들은 뭍에서 자라는 육상식물만 보다가 물에서 솟아난 수생식물 연꽃을 보고 무척 신기하게 여겼을 것이다. 연꽃은 불교와 불심을 상징하는 꽃으로 이후 원예 활동의 주요 소재가 된다.

원예 활동으로는 이름 모를 나무를 심어서 새로운 경치를 만들었다는 기록이 있다. 가야 수로왕(199)이 3월에 사망하자 왕릉과 사당을 만들고 주변에 나무를 심었는데, 이 나무가 1076년까지 살아 있었다고 전한다. 잎이 지는 낙엽수는 가을에 잎이 지고 이듬해 봄 새잎이 나기 전이면 언제든 옮겨 심을 수 있지만, 이른 봄에 옮기면 생존율이 높다. 나무 이름을 알 수 없어 아쉬우나, 이것이 나무 옮겨심기(transplanting)의 첫 기록이다.

3세기의 꽃

비원예 활동으로는 쑥이 비유 소재로 쓰이고, 조화로 관을 장식하고, 대나무와 갈대 잎을 표식과 자신의 의사를 표시하는 수단으로 썼다. 고구려 동천왕 때 득래(246)는 장차 이 땅에 쑥대가 날 것이라고 하였다. 밭에 쑥대가 나면 농작물이 자랄 수 없는 쓸모없는 땅, 쑥대밭이 된다는 뜻인데, 여기에서는 나라가 망할 것이라는 뜻이다. 백제 고이왕 때 6품 이상의 관리는 은꽃(260)으로 관모를 장식하고, 왕은 금꽃(261)으로 비단 관모를 장식하였다. 조화가 장식 소재로 쓰인 첫 기록이다.

신라 유례왕(297) 때 이서국이 금성을 쳐들어오자 대나무 잎을 귀에 꽂은 죽엽군이 나타나서 신라군과 함께 함께 적을 물리쳤다. 고구려 미천왕(300) 때 국상 창조리가 "뜻을 같이하는 사람은 갈댓잎을 관모에 꽂으시오" 하니 모두 갈댓잎을 관모에 꽂았다. 대나무와 갈대의 잎은 좁고 길고 금방 마르지 않는다. 댓잎은 아군과 적군을 구분하는 표식, 갈댓잎은 자신의 뜻을 밝히는 의사표시 수단으로 썼다. 잘린 잎인 절엽(cut leaf)을 활용한 첫 기록이다.

원예 활동으로는 소나무를 심어서 새로운 경치를 만들었다. 고구려 동천왕(234)은 고국천왕의 무덤 앞에 주변과의 시선을 차단하기 위하여 소나무를 일곱 겹으로 심었다. 상록수인 소나무를 옮겨 심은 첫 원예 활동이다. 소나무의 어린 묘는 음력 2월 중순에 뿌리가 노출된 채로 옮겨 심고, 큰 묘는 3월 중순 전에 뿌리에 흙이 붙어 있는 채로 옮겨 심는다. 소나무는 생명력이 강해서 어디서든 잘 자란다.

4세기의 꽃

비원예 활동으로는 신라 나물왕(362) 4월에 시조사당 뜰의 나무에서 연리지가 발생하였다. 연리지는 서로 다른 두 나뭇가지가 붙어서 하나의 가지가 되는 희귀한 자연현상이다. 발생 빈도가 낮고 사람 눈에 잘 띄지 않아서 연리지를 발견하기가 쉽지 않다.

원예 활동으로는 연못을 만들고 가산(假山, 연못을 파서 나온 흙을 한자리에 모아 둔 흙더미)에 화초를 심고, 연꽃으로 실내 공간을 장식하였다.

조경 소재

백제 진사왕(391)은 궁궐에 연못을 만들고 가산에 특이한 화초를 심어서 새로운 경치를 만들었다. 화초를 심은 첫 기록이다. 종이름을 모르고 씨앗을 뿌렸는지 발근묘를 심었는지도 알 수 없다.

공간 장식

고구려 벽화고분 황해남도 안악 3호분(357)의 천장에 연꽃무늬가 있고, 한 여인이 앉아 있는 네모난 투명 설치물의 모서리와 벽면에 연꽃과 연꽃의 봉오리가 달려 있다. 연꽃의 잘린 꽃(절화)을 활용한 첫 사례이다. 인도 설화에 따르면 부처가 태어날 때 다섯 빛깔의 아름다운 연꽃이 피어 있었고, 부처가 태어나서 처음 밟은 것도 연꽃이고, 발자국마다 연꽃이 솟아나 태자를 받들었다고 한다. 부처상이 없었던 초기 불교에서는 연꽃 그림, 무늬, 조형물만 있어도 부처님이 계시는 신성한 장소인 연꽃 세계의 깨끗하고 안락한 극락정토로 여겼다. 연꽃이 불교와 불심을 상징하게 된 유래이다. 벽화고분의 연꽃무늬나 그림은 극락정토의 깨끗한 연꽃에서 무덤 주인이 화생하여 극락왕생하기를 바라는 뜻일 것이다.

5세기의 꽃

원예 활동은 벽화고분의 그림으로 추정하였다. 연꽃 연못인 연지(蓮池)가 등장하고, 연꽃으로 건물 장식과 꽃꽂이를 하고 연꽃을 공양 소재로 썼다.

연꽃 연못(연지)

평안남도 덕흥리 고구려 벽화고분(408)에 연지가 등장한다. 연지는 불교에서 극락세계를 상징하므로 무덤 주인이 극락왕생을 바라는 그림으로 보인다.

건물 장식

중국 길림성 집 안현의 고구려 무용총(5세기 전반)에는 크고 길쭉한 연꽃봉오리 형상물로 기와지붕을 장식하였다.

꽃꽂이

무용총에는 수반에 연꽃봉오리와 연꽃을 하나씩 담아서 꽃꽂이를 하였다. 지금은 얕은 수반의 침봉에 잘린 꽃을 꽂지만 당시에는 침봉이 없던 시절이라 둥글고 높은 그릇에 절화를 담아서 넘어지지 않게 하였다. 평안남도 남포 고구려 쌍영총(5세기 말)의 벽 받침대 위에는 나란히 놓여 있는 두 개의 꽃병에 꽃을 꽂은 꽃꽂이 작품이 있다.

꽃 공양

고구려 안악 2호분(5세기 후반)에는 세 여인이 잘린 연꽃과 연꽃 봉오리를 쟁반에 담거나 손에 들고 스님과 함께 걸어가고, 두 선녀가 하늘을 날면서 쟁반에 담긴 연꽃잎을 흩뿌리고 있다. 공양은 부처상 앞이나 불단에 재물이나 음식물 등을 올리는 행위인데, 소중한 공양물로는 꽃과 차, 향을 꼽았다. 특히 국화, 매화, 연꽃은 최고의 공양물이라고 하였다. 꽃 공양은 절화를 부처상 앞에 놓아두거나, 수반이나 꽃병, 항아리 등에 꽂아서 불단에 올리는 절화 방식이 있고, 꽃을 공중에 흩뿌리는 산화 방식이 있다. 지금도 법당에서 꽃을 들고 불단으로 걸어가거나, 부처상 앞에 꽃을 놓아두거나, 수반이나 꽃병, 항아리 등에 꽃을 꽂아 둔 꽃꽂이 작품을 쉽게 볼 수 있다. 삼국시대에는 꽃 공양의 성행과 함께 꽃꽂이 기법도 함께 발전하였을 것이다.

6세기의 꽃

비원예 활동으로는 꽃이 왕비와 아름다운 여인의 이름에 쓰이고, 배나무에서 연리지가 발생하고, 연꽃의 가상 현상이 나타난다. 가야 구형왕(521~562)의 왕비 이름은 계화(금목서)이고, 신라 진지왕(576~579)은 복사꽃이라는 아름다운 여인을 좋아하였다. 고구

한국의 꽃 역사 이야기

려 양원왕(546) 2월에 평양성에서 자라는 배나무에서 연리지가 발생하였다. 신라 진평왕(587) 때 죽령 동쪽 높은 산의 대승사 주지가 죽어서 장사를 지냈는데 그의 무덤에서 연꽃이 피어났다. 연꽃의 가상 현상인데 불교와 불심을 장려하려는 뜻으로 보인다.

원예 활동으로는 큰 돌 용기의 물에서 연꽃과 석창포를 기르고, 절 마당에 연지를 만들고, 연꽃 등으로 꽃꽂이를 하였다.

물재배

백제 공주 대통사 터(529)에서 연꽃무늬가 있는 둥글고 큰 돌 용기인 중동 석조(지름 134cm, 높이 72cm)와 반죽동 석조(지름 188cm, 높이 75cm)가 발굴되었다. 이 용기는 연꽃무늬로 봐서 연꽃을 물에서 길러서 절 마당의 공간 장식에 썼을 것이다.

조선의 정영한(17세기)은 백제 관사 터(6세기 추정)에서 물을 여러 말 담는 둥글고 큰 돌 용기(높이 45cm, 지름 108cm, 둘레 약 3.3m)를 발굴하였다. 정영한은 석창포를 물에서 길러서 관사 마당의 공간 장식에 썼던 용기라며, 그 근거로 서거정(1420~1488)의 『동국여지승람』 공주토산물 편의 석옹창포 시와 이홍남(1515~1572)과 김홍욱(1602~1654)의 석옹창포 노래를 들었다. 그리고 석창포만 심기 아까운 용기라며 연꽃을 석창포와 같이 심었는데, 송시열(1607~1689)은 두 군자를 함께 심은 정영한을 칭송하였다. 돌 용기에서 연꽃과 석창포를 물재배(water culture)를 한 첫 사례이다.

연꽃 연못

백제 부여 정림사 터(538)에서 가로세로 10미터가량의 네모난 연지 한 쌍이 발견되었다. 연지는 못보다 규모가 작고, 못 둑과 가산이 없다. 연꽃의 땅속줄기를 옮겨 심었을 것이다.

꽃꽂이

충남 공주 백제 무령왕릉(528)에서 출토된 왕비의 금관꾸미개에 달린 금판중심부의 연꽃받침대 위에는 꽃병에 꽃 한 송이가 꽂혀 있고, 중국 길림성의 고구려 벽화고분 통구 5호분(6세기 중반)에는 수반에 연꽃과 연꽃봉오리가 하나씩 담겨 있다.

7세기의 꽃

비원예 활동으로는 꽃놀이를 즐기고, 천연염색 소재인 쪽과 꼭두서니가 등장하고, 식물 각 부위의 이름이 등장하고 식물의 생장 습성을 관찰하였다. 백제 무왕(636)은 음력 3월에 기이한 바위가 있고 아름다운 풀과 나무가 자라는 경치 좋은 사비하의 북쪽 포구 (대왕포)에서 연회를 베풀고, 신하들과 술을 마시고 북을 치고 거문고를 타고 노래를 부르고 춤을 추면서 즐거운 한때를 보냈다. 꽃놀이의 첫 기록이다. 무왕은 39년(638) 3월에도 큰 못에서 후궁과 함께 배를 타고 봄놀이를 즐겼다. 신라 김유신(595~673) 부인의 장사를 지낸 경주 재매곡에 온갖 꽃이 피고 소나무꽃가루가 날리는 봄이 오면 골짜기 남쪽 냇가에 온 집 안 남녀가 모여서 제사를 지내고 잔치를 하였다. 봄이고 음식과 술이 있었으니 자연스레 꽃놀이가 되었을 것이다.

왜 꽃놀이를 즐기나? 우리에게는 흥의 유전자가 있어서 놀이를 즐긴다고 한다. 총알이 있어도 방아쇠를 당겨야 총알이 나가듯이 흥의 유전자도 무언가 방아쇠가 있어야 한다. 우리나라에는 다른 나라에서 볼 수 없는 봄꽃, 여름 녹음, 가을 단풍, 늦가을 서리꽃, 겨울 눈꽃 등 사철 아름답고 색다른 풍경이 있다. 새싹이 나고 화려한 꽃이 피는 봄에는 꽃놀이를 하고, 울긋불긋 단풍이 물드는 가을에는 단풍놀이를 한다. 봄가을에 남녀노소가 음식을 싸들고 산이나 들, 냇가에서 아름다운 경치를 마주하면 노래가 절로 나오고 몸이 덩실거린다. 한반도의 아름다운 풍경은 흥의 유전자를 발현하는 방아쇠인 것이다. 놀이 문화는 부족국가시대의 제천의식과 제사에서 싹이 튼 고유의 풍속이자 자랑스러운 문화 자산이기도 하다.

신라 의상대사(625~702)의 스승(661)은 쪽과 꼭두서니 빛이 본색을 뛰어넘는 경지에 이른 의상을 칭찬하였다. 청출어람으로, 천연염색 소재 식물인 쪽잎 우린 물은 연한 남빛이나 이 물로 염색

하면 진한 푸른빛이 되고, 꼭두서니 뿌리 우린 물은 주황빛이나 이 물로 염색하면 주홍빛이 된다. 신라 문무왕(671) 때는 잎, 줄기, 꽃 받침, 꽃, 열매, 씨앗 등 식물의 각 부위 이름이 기록되어 있고, 해바라기는 해를 향해서 자란다(문무왕)고 하여 식물의 생장 습성에 관심을 가졌다.

원예 활동으로는 연못을 만들고, 못 둑에는 버드나무, 가산에는 화초를 심고, 모란 씨앗을 심어서 꽃밭을 만들고, 연지를 만들고, 큰 항아리에 꽃꽂이를 하였다.

조경 소재

백제 무왕(634)은 봄에 충남 부여 궁궐 남쪽에 큰 연못(궁남지)을 만들어 20여 리 밖에서 물을 끌어들이고 못가 언덕에 버드나무를 심었다. 신라 문무왕(674)은 경북 경주에 동궁 부속물로 동서 200미터, 남북 180미터가량의 큰 연못(월지, 안압지)을 만들고 가산에 화초를 심었다.

꽃밭 소재

신라 진평왕은 당나라 태종(626~632)이 모란 씨앗을 보내오자, 궁궐 마당에 모란 씨앗을 뿌리고, 싹이 나자 푸른 휘장을 둘러서 격리 재배를 하였다. 격리 재배는 병원균의 확산과 도난 방지를 위하여 지금도 시행하고 있다. 모란꽃을 피워 보니 꽃 빛깔은 붉은빛, 흰빛, 자줏빛이었다. 모란의 첫 도입 기록이자 씨앗을 심은 첫 원예 활동이고, 씨앗번식(seed propagation)의 첫 기록이기도 하다.

씨앗번식은 암수 성세포의 결합으로 만들어지므로 유성번식(sexual propagation)이라고도 한다. 씨앗으로 번식을 하면 어미와 꽃 모양이나 빛깔이 달라지는데 마치 부모 형제간에 모습이 다른 것과 같다. 과거에는 씨앗을 뿌리기 전에 겨울 동안 땅속에 묻어 두거나, 가을에 씨앗을 뿌리고 짚을 덮어서 온도와 습도를 유지해 주었다. 지금은 섭씨 4~5도의 습한 조건에서 6~8주간 저온저장을 하거나, 딱딱한 씨앗에 상처를 내거나, 화학약품으로 씨앗을 부드럽게 하거나, 이들 처리를 병행하기도 한다.

연꽃 연못

백제 무왕(600~641) 때로 추정되는 전북 익산의 미륵사 터에서도 네모난 연지 한 쌍이 발견되었는데, 정림사 연지와 모양이나 크기가 비슷하다.

꽃꽂이

충남 연기 백제 비암사의 미륵보살반가사유비상(673년경)에는 옹기 모양의 큰 항아리에 잘린 꽃을 가득 담아 놓고 항아리 양쪽에서 두 사람이 꿇어앉아 무언가를 기원하고 있다. 볼륨을 강조하는 이른바 서양식 꽃꽂이 양식과 비슷하다.

통일신라시대의 꽃

통일신라시대는 삼국이 통일되는 676년부터 935년까지이다. 고려 건국은 918년이라 17년간은 두 나라가 공존한다. 언제 어디서 어떤 꽃이 어떻게 쓰였는지는 유적과 유물의 꽃 그림, 꽃무늬, 꽃 조형물, 그리고 문자의 기록으로 파악을 한다.

7세기의 꽃

비원예 활동으로는 설총의 「화왕계」는 모란, 장미, 할미꽃의 형태, 생태 등을 자세히 기록해 두었다. 신문왕(681~692) 때 모란, 장미, 할미꽃을 사람에 견준 「화왕계」에는 음력 3월 경주 궁궐에 따뜻한 봄이 오자, 모란은 꽃의 왕으로 곱고 탐스러운 꽃을 피우고, 장미는 옥같이 하얀 이에 얼굴을 붉게 단장하고, 검푸른 나들이옷을 입고, 무희처럼 사뿐히 왕에게 다가와서, "저는 눈처럼 흰 모래 밭을 밟고, 거울처럼 맑은 바다를 바라보며, 봄비로 먼지를 씻고, 맑고 상쾌한 바람을 쐬면서 자라왔다"고 하고, "꽃다운 침소에서 그윽한 향을 더해 전하를 모시고 싶다"고 하였다. 할미꽃은 베옷을 입고, 흰 모자를 쓰고, 가죽 띠를 두르고, 굽은 허리에 지팡이를 짚고, 둔한 걸음으로 나와서 공손히 머리를 숙여 인사하고, "저는 경주 성 밖 길가에서 아래로는 넓은 들판을 보고 위로는 높은 산에 기대어 산다"고 하였다. 장미는 오늘날 꽃가게에서 판매하는 잡종 식물이므로 당시에는 장미가 지구상에 존재하지 않았다. 장미의 자기 소개를 보면 동해 바닷가에서 자생하는 장미속(薔薇屬)의 해당화와 똑같다. 장미는 해당화인 것이다.

원예 활동으로는 땅에 꽂아 둔 지팡이가 나무로 자랐다. 꺾꽂이를 한 것이라고 할 수 있다. 의상대사가 영주 부석사를 창건(676)하고 인도로 떠나면서 자신이 거처하던 방 처마 밑에 지팡이를 꽂으면서 내가 살아 있으면 이 지팡이에서 싹이 날 것이라고 하였다. 얼마 지나지 않아 지팡이에서 싹이 나고 지팡이는 한 그루의 나무로 자랐다(680 무렵). 절 마당에 나무를 심은 것과 다를 바 없다. 신기한 이 나무를 스님들은 비선화수라고 불렀다. 비선화수는 훗날 골담초(骨擔草)로 밝혀지고, 지금도 부석사를 방문하는 많은 사람들의 구경거리가 되고 있다.

지팡이가 어떻게 나무로 자랐을까? 지팡이는 나무줄기이므로 조건만 맞으면 새싹과 새 뿌리가 나고 나무로 자랄 수 있다. 그 조건은 지팡이에 잎눈(leaf bud)이 살아 있고, 수분, 통기 등 흙의 물리 화학적 조건과 온도, 습도, 빛 등의 대기 환경이 적합하여야 한다. 결과적으로 이러한 조건이 모두 적합하였던 것이다. 의상의 지팡이는 쓴 기간이 길지 않아서 잎눈이 살아 있었고, 지팡이를 꽂은 장소는 토양 조건이 적합하고, 대기 환경이 알맞았던 것이다. 줄기 꺾꽂이는 잘린 줄기에서 뿌리를 유도하여 새로운 식물체를 만드는 영양번식(vegetative propagation)의 하나인데, 성이 관여하지 않으므로 무성번식(asexual propagation)이라고도 한다. 영양번식은 씨앗 번식의 상대적인 개념으로, 다음 대의 꽃 모양이나 빛깔이 모체와 똑같고 씨앗에서 자란 식물보다 꽃이 빨리 핀다. 영양번식 방법은 꺾꽂이뿐 아니라, 포기나누기, 접붙이기, 휘묻이 등도 있다. 줄기 꺾꽂이(stem cutting)의 첫 기록이다.

8세기의 꽃

비원예 활동으로는 풍란이 난초로 등장하고, 몸에서 난초 향이 나는 여인이 있고, 석굴암은 연꽃무늬, 연꽃 형상물, 연꽃 조형물로 꽉 차 있다. 궁인들이 봄놀이를 하고, 치자 꽃 조화와 가상 식물

길상초가 등장하고, 연꽃의 가상 현상이 나타났다는 기록이 있다. 소나무가 바위 위에서 자라고, 부들이 자리 소재로 쓰이고, 동백나무와 석류나무가 중국으로 반출되었다.

경남 의령의 꽃산으로 불린 백월산 한 절에서 수도하는 부득과 박박이 3년 만에 맞는 석가탄신일(709)에 한 여인이 짙은 난초 향을 풍기며 찾아왔다. 우리나라 자생 난초 가운데 향이 강한 난초는 풍란뿐이다. 또 신라 원성왕(792) 때 신라 제일의 미인으로 불린 김정란은 몸에서 향이 났다. 김대성(751)이 창건한 경주 석굴암에는 입구 팔각기둥의 연꽃무늬, 기둥의 주춧돌과 천장에는 연꽃 형상물, 중앙의 연화대 위에는 본존불, 뒷벽에는 큰 연꽃무늬 형상의 광배, 감실에는 연화대 위에 서 있는 관음보살, 문수보살, 보현보살 등으로 가득하다. 신라 궁궐 여인(8세기 추정)들이 삼월삼짇날 꽃을 꺾으며 봄놀이를 즐겼다. 훗날 이곳은 꽃을 자른 고개라는 뜻의 '화절현'이라고 하였다.

신라 경덕왕(742~765) 때 침단목으로 큰 기장이나 콩 반쪽만 한 부처상 만 개를 만들고 그 사이사이에 치자 꽃 조화로 장식을 하여서 당나라 대종에게 선물하였다. 조화이지만 치자 꽃의 첫 등장이다. 진표 율사가 전북 변산 금산사에서 강릉 가는 길에 속리산에서 길상초를 보고(766) 7년 후에 금산사로 돌아왔다. 이때 영심, 융종, 불타가 불법을 구하러 진표를 찾아오자 속리산 길상초 있는 곳에 절을 지으라고 하였다. 이들은 그곳을 찾아서 절을 짓고 길상사

라고 하였는데 지금의 법주사이다. 길상초는 한반도에 없는 가상
식물이다. 혜공왕(767) 때 궁궐 북쪽 변소에서 연꽃 두 송이가 솟아
나고, 봉성사 텃밭에서 연꽃이 솟아나고, 신라 원성왕(785~798) 때
연회 스님이 수행하던 경남 양산 통도사 영취산의 한 암자의 연못
에는 연꽃 몇 송이가 사철 피었다. 불교와 불심을 장려하기 위하여
가상 식물과 연꽃의 가상 현상을 활용한 것으로 보인다.

　진표 율사(8세기 말)가 금강산의 한 바위 위에서 죽고 유골이 드
러나자 제자들이 흙을 덮어서 무덤을 만들었다. 얼마 지나지 않
아 바위 위에서 소나무가 자라났는데 이 소나무는 약 400년이 지
난 1197년에도 살아 있었다. 소나무는 뿌리가 드러나는 바위 위
나 모래땅에서도 잘 자라고, 비가 오나 눈이 오나 건조하나 바람이
부나, 추우나 더우나, 양지든 음지든 어디서든 잘 자라서 생명력
이 강하고 운치가 있어서 우리나라 사람들이 가장 좋아하는 나무
이다. 신라 말 반사와 첩사는 대구 비슬산에서 부들로 자리를 만들
어서 잠을 잤다. 두 스님의 검소함을 이야기하고 있다. 중국에서는
신라에서 온 동백나무를 해홍이나 천홍 산다(山茶), 매화꽃이 피는
12~2월에 핀다 하여 다매(茶梅)라고도 하였다. 석류나무는 신라에
서 바다를 건너왔다 하여 해류나 해석류(海石榴), 신라에서 왔다 하
여 나류라고도 하였다. 해류는 훗날 겹꽃석류나무로 밝혀졌다.

　원예 활동으로는 꽃을 마당에 심어서 꽃밭 소재로 쓰고, 규모가

　　　　　　　　　　　　　　　　한국의 꽃 역사 이야기

큰 구품연지를 만들고, 큰 돌 용기 석련지에서 연꽃을 기르고, 소나무 분화가 등장하고, 잘린 꽃으로 꽃병과 항아리에 꽃꽂이를 하고, 꽃을 선물하고, 꽃 공양을 하고, 실내에서 꽃놀이를 즐겼다.

꽃밭 소재

경주 각간 대공(767)의 집 마당의 배나무에는 수많은 참새가 날아들고, 전북 변산 금산사(773) 마당에는 복사나무가 자랐다. 당시로는 꽃이 아름답고 열매를 먹을 수 있는 배나무와 복사나무가 최고의 꽃밭 소재였을 것이다.

구품연지

김대성은 경주 불국사와 석굴암을 창건(751)하고, 불국사 앞마당에 기존의 연지보다 규모가 훨씬 큰, 동서 40미터, 남북 26미터, 깊이 2~3미터의 타원형의 구품연지를 만들었다.

석련지와 분화

충남 보은 속리산 법주사(720)에는 연꽃 모양의 큰 돌 용기인 석련지(둘레 665cm, 높이 195cm)가 있다. 이 용기는 연꽃을 심어서 절 마당의 공간 장식을 한 것으로 보이는데, 지금도 많은 사람들의 구경거리가 되고 있다. 신라 사람이 쓰던 허리띠(8~9세기 추정)에는 네모난 화분에 심긴 소나무 분화가 새겨져 있다. 소나무 분화의 첫 등장이다.

분화(pot flower)는 용기 재배의 한 형태로 꽃을 기르는 즐거움이 있고 실내외의 공간 장식과 선물로 쓰이는 대표적인 원예 활동이다. 화분의 재질은 시간이 흐르면서 돌 용기에서 질그릇, 사기, 청자 등으로, 크기는 큰 것에서 작은 것으로, 모양은 네모꼴에서 원형으로 바뀌는 흐름을 보이고 있다.

꽃꽂이

석굴암 감실의 십일면관음보살은 연꽃 한 송이가 꽂혀 있는 호리병 모양의 작은 정병을 들고 있다. 토끼 두꺼비 무늬 수막새 기와(8~9세기)에는 모란꽃 네 송이와 머루 송이가 둥근 항아리에 꽂혀 있고, 또 다른 토끼 두꺼비 무늬 수막새 기와에는 꽃병에 꽃이 꽂혀 있다. 꽃병 모양과 꽃꽂이 소재가 다양해진다.

꽃 선물

신라 성덕왕(702~737) 때 신라 최고 미인 수로 부인이 동해 바닷가를 지나다가 높은 절벽 위에 핀 아름다운 진달래꽃을 보고 꽃을 갖고 싶어 하였다. 모두들 망설이는데 한 노인이 꽃을 꺾어 와서 꽃을 바치는 헌화가를 부르며 수로 부인에게 꽃을 드렸다. 예나 지금이나 꽃은 주는 이의 마음이 담겨 있는 최고의 선물이다. 꽃을 받은 이는 준 이의 정성에 기뻐하고 꽃을 준 이는 받은 이의 기뻐하는 모습에 흐뭇해 한다.

꽃 공양

석굴암을 창건(751)한 김대성이 천신에게 고마운 마음으로 남쪽 고개에 올라가 향나무를 태워서 향 공양을 하였다. 훗날 그곳을 '향 고개'라고 하였다. 경덕왕(760) 때 두 개의 해가 나타나서 열흘이나 그대로 있자, 월명 스님이 도솔가를 지어서 불단에 올리고 푸른 구름에 꽃 한 송이를 날려 보내는 산화공덕의 치성을 드리니 해 하나가 사라졌다. 경주 성덕대왕신종(771) 때에는 연화대 위에 꿇어앉아 쟁반에 담긴 연꽃을 공양했다. 경북 상주 천인상 판석(8세기 말)에는 쟁반에 담긴 연꽃봉오리를 공양하고, 경덕왕(765) 때의 충담 스님은 해마다 중삼일(음력 3월3일)과 중구일(음력 9월9일)에는 경주 남산 삼화령의 미륵세존에게 차를 공양하였다. 공양 소재로 꽃은 물론이고 향과 차도 쓰였다.

실내 꽃놀이

성덕왕의 아들 김교각(지장법사, 756)이 당나라에서 수행을 함께 하던 동자가 떠나자, 항아리에 물을 채워서 달을 청하던 일도, 차를 달여서 잔 속에 꽃을 띄우던 놀이도 이제 그만둔다고 하였다. 실내 꽃놀이의 첫 기록이다. 지금은 실내에서 크고 작은 용기에 물을 담아서 꽃이나 꽃잎을 띄우는 꽃놀이는 사철 즐길 수 있다.

9세기의 꽃

비원예 활동으로는 백련이 절 이름에 등장하고, 연꽃의 가상 현상이 나타나고, 꽃놀이를 즐겼다. 무염 국사는 전남 강진 만덕산에 백련사(839)를 창건했다. 최치원(857~?)의 아버지는 아이가 태어나자 아이를 연못에 버리라고 하여서 하인이 아이를 연못에 던졌는데 연꽃 한 송이가 솟아나 아이를 받들고 꽃잎으로 아이를 감쌌다. 연꽃의 가상 현상은 불교와 불심의 장려뿐 아니라 특정인을 돋보이게 하는 데에도 썼다. 헌안왕(860)은 9월에 임해전에서 연회를 하며 신하들과 술을 마시며 단풍놀이를 즐겼다. 헌강왕(881)은 3월에 임해전에서 연회를 하면서 술기운이 오르자 거문고를 타고 노랫말을 지으며 꽃놀이를 즐겼다. 헌강왕(875~886) 때에는 봄 동야택(東野宅), 여름 곡량택(谷良宅), 가을 구지택(仇知宅), 겨울 가이택(加伊宅)에서 사철 놀이를 즐기는 사절유택(四節遊宅)을 하였다.

원예 활동으로는 지리산에 차나무 씨앗을 심고, 산, 바다, 강가에 대나무와 소나무를 심어서 새로운 경치를 만들고, 꽃밭 만들기를 하고, 꽃을 선물하고 꽃 공양을 하였다.

조경 소재

흥덕왕 3년(828) 12월에 당나라에 사신으로 갔던 대렴이 차나무 씨앗을 가지고 오자 왕이 지리산에 심으라고 하였다. 지리산 자락에는 이후 수많은 차밭이 조성되어 특이한 경치를 만들고 있다. 차는 선덕여왕(632~647) 때부터 있었으나 차나무의 첫 도입 기록이다. 최치원(895 무렵)은 경치 좋은 산 아래, 강가, 바닷가에 정자를 짓고 대나무와 소나무를 심었다. 대나무를 옮겨 심은 첫 기록이다. 대나무는 50~100년 주기로 꽃이 피고 열매를 맺고 말라서 죽는다. 대나무는 뿌리가 서로 엉겨 있어서 일정 기간이 지나면 양수분이 부족하게 되는데 그 기간이 50~100년으로 보인다. 식물은 부적합한 환경을 만나면 생식 본능으로 죽기 전에 꽃을 피우고 열매를 맺고 죽는다. 대나무 씨앗 구하기가 쉽지 않아서 대나무는 포기나누기로 번식을 한다.

꽃밭 소재

도선 스님(827~898, 864)은 광양 백계산에 옥룡사를 창건하고 절 마당에 동백나무를 심어서 꽃밭 소재로 썼다. 신라 경문왕(861~875)이 왕위에 오르고 갑자기 귀가 커졌다. 두건 만드는 신하가 그것을 알고 도림사 대숲에서 "우리 임금님 귀는 당나귀 귀"라고 외쳤다. 이후 바람이 불면 대숲에서 똑같은 소리가 들렸다. 이 소리가 듣기 싫은 왕은 대나무를 베고 산수유 나무를 심었는데 이번에는 "우리 임금님 귀는 길다"고 들렸다고 하는 설화이다.

꽃 선물

최치원(868)이 경주에서 종살이를 하던 승상 나업의 집 뒷마당
에 아름다운 풀과 나무들이 자라니 벌과 나비가 날아들었다. 어느
날 최치원이 뒷마당에서 꽃가지를 꺾어서 나업의 딸 운영에게 주
면서 "꽃을 좋아 하신다 하여 가져왔으니 시들기 전에 받으라"고
하였다. 꽃이 인연이 되어 최치원은 그녀와 혼인을 하였는데, 혼례
때의 모습은 원앙이 물에서 놀고 물총새가 연리지에 깃드는 것 같
다고 하였다. 연리지가 축하 메시지로 쓰인 기록이다.

꽃 공양

신라 경남 하동 쌍계사의 진감선사비문(876)에는 선사가 어릴
때 소꿉놀이를 하면서 잎을 태워 향으로 삼고 잘린 꽃을 공양하였
다는 기록이 있다. 경북 문경 봉암사의 지증대사 부도탑(883) 기단
부에는 연화대 위에 꿇어앉아서 꽃을 공양하는 사람이 있다.

10세기의 꽃

태봉(911~918)의 궁예가 외출할 때에는 소년 소녀 수백 명이 꽃

과 향을 들고 앞에서 걷고 비구승 200여 명이 불교 노래를 부르며 뒤를 따랐다. 꽃과 향 공양의 특이한 형태인 것 같기도 하고, 궁예가 자신의 위엄을 과시하기 위한 꽃 퍼레이드로 보이기도 한다.

고려시대의 꽃

왕건이 후삼국을 통일하고 도읍지를 송악(개성)으로 옮기는 918년부터 조선의 건국 전까지이다. 언제 어디서 어떤 꽃이 어떻게 쓰였는지는 유물과 문자 기록을 중심으로 파악한다.

10세기의 꽃

원예 활동으로는 절 마당에 배나무를 심고, 민가 마당에 흰 진달래를 심어서 꽃밭 소재로 쓰고, 질 마당에 연지를 만들었다.

꽃밭 소재

경북 청도 운문사(937) 마당에 배나무가 자라고 있었는데, 사람이 일부러 심었을 것이다. 최승로(927~989)는 흰 진달래를 마당에 심었는데 민가 마당에 꽃을 심은 첫 기록이다. 흰 진달래는 진달래의 변종으로 지금도 보기 어려운 꽃이다. 꽃밭은 사람이 꽃과 자연을 벗으로 삼고 자연과 가깝게 지내기 위하여 궁궐, 절, 집 마당 등에 아름다운 풀과 나무를 심어서 만든 자연의 축소판이다.

연꽃 연못

목종 때 창건한 숭교사(1000)에는 많은 사람들이 연지의 연꽃을 구경하러 왔다.

11세기의 꽃

원예 활동으로는 궁궐과 민가 마당에 나무의 겹꽃과 붉은 꽃 등을 꽃밭 소재로 썼다.

꽃밭 소재

현종(1009~1031)은 모란을 궁궐 마당에 심어서 꽃밭 소재로 쓰고, 문종(1046~1083)은 만첩홍매, 홍매화, 석류나무를 심었다. 만첩홍매는 매화나무의 변종으로 붉은 겹꽃이고, 홍매화는 옥매와 닮은 분홍빛 겹꽃이 핀다. 겹꽃(double flower)은 생물학적으로 꽃잎의 수가 늘어나고 생식기인 암술과 수술이 꽃잎으로 변한 생식능력이 없는 성불구의 기형화이나 희귀성이 있어서 인기가 있다. 고려 숙종(1095~1105)은 해당화를 심었고, 최충(984~1068)은 석류나무를 마당에 심었다.

12세기의 꽃

원예 활동으로는 궁궐과 민가에서 꽃밭 만들기가 성행하고 식물 소재로 풀 종류가 많이 등장했다. 민가에서는 분화 기르기를 하고, 한겨울과 늦봄에 분매의 꽃을 피우고, 접붙이기를 하고, 꽃꽂이와 꽃 선물을 하였다.

꽃밭 소재(궁궐)

예종(1105~1122, 1113)은 두 개의 동산을 만들어 화초를 심고 모란꽃을 감상하였고, 인종(1122~1146)은 꿈에서 해바라기 씨앗 석되를 얻었다. 궁궐 마당에서 자라는 해바라기에서 씨앗이 많이 달리길 기대하는 꿈으로 보인다. 의종(1146~1170)은 봄에는 들국화와 작약 등을 심고 작약과 석류꽃 구경을 하고, 여름에는 어화원의 연못에서 연꽃을 감상하고, 가을에는 중양절에 황국을 감상하였다. 황국은 무엇일까? 국화꽃은 머리모양꽃차례(무한꽃차례의 일종)인데 중심부에는 관 모양의 작은 꽃 관상화가 있고, 가장자리에는 혓바닥 모양의 작은 꽃 설상화가 있다. 관상화는 종에 관계없이 모두 노란빛이나, 설상화의 빛깔은 종에 따라 다르다. 그런데 황국은 관상화와 설상화 모두가 노란빛을 띠는 감국과 산국뿐이다.

꽃밭 소재(민가)

정습명(?~1151)이 패랭이꽃을 마당에 심고, 의종 때의 관리들은 모란을 앞다투어 마당에 심었다. 신종(1197~1204) 때에는 모란 재배법을 서로 가르쳐 줄 정도로 민가에 모란이 널리 퍼졌다. 최충헌(1150~1219)과 최우(?~1249)는 국화, 대나무, 동백나무, 모란, 반송, 복사나무, 서향나무, 석류나무, 소나무, 연꽃, 작약, 장미, 진달래, 해당화 등 40여 종을 마당에 심었고, 이규보(1168~1241)는 마당에 꽃밭과 동산을 만들어 국화, 금전화, 맨드라미, 사계화, 석류나무, 작약, 장미, 패랭이꽃, 협죽도를 심었는데 맨드라미는 변소에서도 자랐다. 겨울 추위에 약한 대나무, 동백나무, 서향나무, 석류나무 등은 겨울옷을 입혀서 겨울을 났거나 화분에 심어서 움집에서 겨울을 났을 것이다. 국화는 들국화인지 잡종인지 알 수 없다. 장미는 같은 속의 종간교잡(interspecific cross)으로 만든 잡종(hybrid)으로 원래 지구상에 존재하지 않았던 식물이다. 잡종 장미가 꽃밭 소재로 쓰이기 시작하였다.

분화 소재

이인로(1152~1220)는 대나무가 술에 취한다는 죽취일(5월 13일)

에 대나무를 화분에 심고, 분죽이라고 하였다. 화분에서 꽃을 기르는 분화(pot flower)의 첫 기록이다. 궁궐의 어화원에는 열매가 주렁주렁 달린 귤나무와 한길이 넘는 유자나무가 있었다(이인로). 이규보는 국화, 대나무, 흰동백나무, 매화나무, 사계화, 서향나무, 석류나무, 석창포 등의 분화를 기르면서 국화 분화는 분국, 매화나무 분화는 분매라고 하고, 흰동백나무는 동백나무의 변종인데 서상화라고 하였다. 낙엽수인 매화나무와 석류나무 분화는 마당에서 서리를 두세 차례 맞고 잎이 떨어진 다음에 움집으로 옮기고, 겨울 추위에 약한 귤나무, 대나무, 동백나무, 서향나무, 석류나무, 유자나무 분화는 움집에서 겨울을 났을 것이다.

분매 촉성과 억제

이규보는 동지 전에 움집에 있는 분매를 따뜻한 온돌방으로 옮겨서 한겨울에 꽃을 피우고, 한식에는 분매를 선선한 움집에서 꺼내어서 늦봄에 꽃을 피웠다. 분매의 촉성(forcing)과 억제(retarding)에 대한 첫 기록이다. 분매의 촉성과 억제는 동서양 어느 누구도 모방할 수 없는 독창적인 기술이며 꽃의 감상 기간 확대에 의미가 크다.

촉성과 억제의 원리는 무엇일까? 매화나무는 봄에 꽃이 피고, 여름에 꽃눈이 형성되고, 꽃눈은 가을에 성숙하여 겨울에는 휴면을 한다. 휴면(dormancy)에는 자발휴면과 강제휴면이 있다. 전자는 꽃눈이 스스로 잠을 청하는 휴면으로, 섭씨 4~5도에서 6~8주간이면 휴면에서 깨어난다. 개화할 준비가 되었다는 뜻이다. 하지만 아직도 온도가 낮은 한겨울이라 꽃눈이 자라지 못하고 봄이 올 때까지 기다린다. 이 기간이 강제휴면기인데 이때는 온도만 높으면 언제든지 꽃이 핀다. 따뜻한 곳으로 빨리 옮길수록 꽃이 일찍 피고, 늦게 옮기면 늦게 핀다. 결국 강제휴면 기간을 줄이면 촉성이고, 늘리면 억제이다. 바로 촉성과 억제의 원리이다.

접붙이기

이규보는 어릴 때 이웃 마을 전 씨가 배나무의 굵은 밑동을 베고 그루터기를 쪼개고 멀리서 가지고 온 배나무 가지를 꽂고 진흙으로 둘러싸는 접붙이기 모습을 보았다. 몇 년 후에 보니 접목한 배나무는 씨앗에서 자란 배나무보다 생장 속도가 빠르고 꽃이 일찍 피고 열매가 크고 많이 달렸다. 접붙이기의 첫 기록이다.

접붙이기(grafting)는 두 식물의 줄기 형성층을 붙여서 하나의 식물로 만드는 영양번식 기술이다. 아래쪽 줄기를 대목(臺木), 위쪽의 잎눈이 있는 줄기를 접수(椄穗)라고 한다. 대목은 주로 접수와 같은 종의 씨앗에서 자란 실생묘(實生苗, seedling, 씨앗에서 싹이 터서 자란 묘목 모)를 쓴다. 이규보는 동백나무와 석류나무 실생묘 대목에 겹꽃동백나무를 접붙였다. 접붙이기는 왜 할까? 겹꽃은 생식능력이 없어서 씨앗을 맺지 못하거나, 씨앗번식보다 개화까지의 기간을 줄이고 싶거나, 나무나 풀 종류에서 씨앗번식을 하면 꽃의 특성이 달라지는 경우에 접붙이기 등의 영양번식을 한다. 영양번식법으로는 휘묻이, 포기나누기, 꺾꽂이, 접붙이기 등이 있고, 식물은 성(sex)의 관여 없이도 잎이나 줄기 등의 영양체에서 자식을 만드는 능력이 있다.

꽃꽂이

이규보의 집에는 수반에 꽃을 가득 꽂아 두었다. 수반 꽃꽂이의 첫 기록이다. 유승단(1168~1232)은 모란을 꽃꽂이 소재로 쓰고, 수반에 꽂혀 있는 모란꽃 무늬가 새겨진 금동꽃병도 있었다.

꽃 선물

이규보는 한 연회에서 기녀로부터 꽃 한 송이를 선물로 받고, 훗날 그녀에게 모란꽃을 선물하였다.

13세기의 꽃

비원예 활동으로는 곽예(1232~1286)는 연꽃을 좋아하여서 비가 와도 숭교사 연지에서 연꽃 감상을 즐겼다.

원예 활동으로는 꽃밭 만들기가 성행하고 식물 소재로는 야생종을 개량한 모란과 작약, 그리고 잡종인 국화와 장미가 등장하였다. 분화의 식물 소재는 대부분 야생종이고, 겹꽃석류나무 분화의 꽃을 한겨울에 피우고, 궁궐 연회 때에는 꽃으로 머리를 장식하고, 절화와 절지, 분화로 연회장의 공간을 장식하였다. 이러한 모습은 민간 연회 때에도 비슷하였다.

꽃밭 소재

최우는 국화의 붉은빛, 보랏빛 품종, 모란의 붉은빛, 자줏빛, 흰빛 품종, 작약의 분홍빛, 붉은빛, 자줏빛, 흰빛 품종, 그리고 장미의 노란빛, 보랏빛 품종을 길렀다. 모란과 작약은 꽃 빛깔이 다른 야생종 간의 교배로 만든 품종이고, 국화는 당나라(618~907)에서 국화속의 감국과 구절초와의 종간교잡으로 만든 잡종이고, 장미는 장미속의 종간교잡으로 만든 잡종이다. 품종의 첫 기록이다. 고려 때에는 중국에서 만든 동양계 장미가 들어오고 서양 장미는 구한말에 등장한다. 잡종인 국화와 장미는 원래 자연에 존재하지 않았던 식물이다.

품종이란 무엇일까? 분류학적으로 가장 아래 단위가 종(species)이고 종은 다른 종과는 성의 교류가 일어나지 않는다. 세월이 흘러도 종의 특성은 그대로 유지되지만 사람의 힘이 가해지면 상황이 달라진다. 같은 야생종 간에 빛깔이 다른 개체를 교배하면 중간

색이 태어날 수 있고, 다른 종 간에 교잡을 하면 어미 개체와 꽃 모양이나 빛깔, 개화 시기 등이 다른 수많은 변이 개체가 탄생한다. 이 가운데서 유용성 개체를 선발해서 만든 똑같은 개체들의 집단을 품종(cultivar)이라고 한다. 품종 간에는 성의 교류가 가능하므로 품종 간 교배로 수많은 변이 개체를 다시 만들 수 있다. 국화, 모란, 작약, 장미 품종은 영양번식을 통하여 그 특성을 유지하고 있다.

분화 소재

고종(1213~1259) 때에는 겹꽃동백나무 분화가 널리 퍼지고, 최우(1245)는 자개로 장식을 한 큰 화분에서 대나무와 겹꽃석류나무를 길렀다. 석창포 분화는 모래가 적합하나 대나무 분화는 흙이 적합하다고 하였다(최자 1188~1260, 1254). 종에 따라서 분화용 상토를 달리해야 한다는 인식의 첫 기록이다.

석류 분화 촉성

최자(1254)는 봄에 피는 석류나무 분화의 꽃을 한겨울에 피워서 친구들을 자랑삼아 초대하였다. 모두들 한겨울에 핀 신기한 꽃을 보고 즐거워하였는데, 이규보는 자연의 섭리에 어긋난다고 하였다. 석류나무 분화의 촉성은 분매의 촉성 원리와 같다.

머리와 공간 장식

궁궐에서 가례, 연등회, 팔관회, 기로연 등의 축하연(1208)이 열리면 모든 참석자는 왕, 태자, 신하 순으로 탁자 위에 준비해 둔 절화와 절지를 머리에 꽂고, 왕은 주인공에게 꽃을 하사하였다. 연회 담당 관리로 꽃과 술을 나르는 화주사, 꽃을 꽂아 주는 권화사, 이들을 감독하는 압화사, 총감독인 인화담원 등 모든 관리에게 왕은 꽃과 술을 보내어 위로를 하였다. 고려 고종(1213~1259)은 궁궐 축하연 때에는 큰 통 네 개에 절화와 절지를 담고, 큰 분화 네 개로 공간을 장식하였다. 최우가 집에서 연회를 할 때에는 큰 통 네 개에 붉은빛, 자줏빛 작약 등 10여 종의 절화를 담아서 공간을 장식하였다. 궁궐에서 생화가 부족할 때에는 천이나 종이로 만든 조화를 썼는데 조화 만드는 장인을 화장(花匠)이라고 하였다.

14세기의 꽃

비원예 활동으로는 꽃 감상을 즐기고, 죽순대가 집 주변에서 솟아나고, 시골 길가 개울에 마름과 부들이 자라고, 꽃의 선호도는 개인의 취향에 따라서 다르다는 인식을 하고, 죄 없는 오얏나무가 수난을 당하였다.

충렬왕(1274~1306)의 왕비 제국공주는 5월에 수녕궁의 향각 앞에 활짝 핀 작약 꽃을 감상하고(1302), 이색(1328~1396)은 단오에 창포 꽃잎을 술잔에 띄워서 마시고 중양절에는 국화꽃 감상을 즐겼다. 한수(1333~1384)는 연못에서 연꽃을 감상하고 연꽃 잎자루로 술을 빨아서 마시고, 이첨(1345~1405)은 연못에서 연꽃을 감상하고 연꽃 열매인 연밥 술잔으로 술을 마셨다. 이제현(1287~1367)의 집 주변에서 눈 내리는 한겨울에 죽순대(맹종죽)의 새순이 돋아났다. 죽순대는 제 이름을 찾은 첫 대나무이다. 이첨이 작은 정자를 오가던 시골 길가 개울에는 그윽한 정취와 운치가 있는 마름과 부들이 자랐다.

이조년(1269~1343)은 화려한 자주나 붉은 꽃보다 서리를 맞으며 피는 국화꽃과 눈 속에서 피는 흰 매화꽃이 청초하고 아름답다고 하였다. 꽃의 선호도를 보면, 일반적으로 홑꽃보다는 겹꽃, 흰 꽃보다는 화려한 빛깔의 꽃이나 특이한 꽃, 희귀한 꽃, 절개나 지조 등을 상징하는 꽃을 좋아하고, 운치 등도 꽃의 선호도에 영향을 미쳤다.

왕건의 고려 집권을 예언한 바 있는 도선 스님(827~897)은 왕씨 다음에는 이(李) 씨가 왕이 되어 한양에 도읍한다고 하였다. 고려에서는 건국 초부터 이씨의 기운을 누른다며 한양의 북악산 남쪽에 오얏나무(이수 李樹)를 심어서 나무가 무성해지면 가지를 잘라서 더 이상 크지 못하게 하였다. 고려 말 북한산 아래에 오얏나무가 무성하게 자란다고 하자 궁궐에서는 오얏나무를 베는 관리 벌리사를 보내어 오얏나무 가지를 잘랐다. 오얏나무가 수난을 받았지만 이성계(1392)는 조선을 세우고 한양의 북악산 아래에 궁터를 잡았다.

　원예 활동으로는 꽃밭 소재가 다양화되고 국화와 모란 품종이 늘어나고, 분화 식물의 소재가 다양화되고, 국화, 난초, 대나무, 매화나무의 사군자 분화의 인기가 높았다. 서향나무 분화의 꽃을 봄에 피우고, 분화로 공간 장식을 하고, 소나무 가지로 건물을 장식하고, 꽃병과 수반에 꽃꽂이를 하고, 꽃을 담은 꽃바구니가 등장하고, 연꽃 등이 선물로 쓰였다.

꽃밭 소재

　궁궐에서는 충숙왕(1313~1339, 1325)이 원나라에서 귀국할 때 국화, 겹꽃동백나무, 만첩홍매, 복사나무, 서향나무, 겹꽃석류나무, 연꽃(백련, 홍련), 옥매, 작약, 장미, 그리고 국화의 붉은빛 규심홍, 금홍, 오홍, 은홍, 학정, 흰빛의 연경백, 노란빛의 연경황 품종을 가지고 와서 마당에 심었다. 충목왕(1344~1348, 1346)은 청명에 나무를 심고 나무가 넘어지지 않게 대나무 받침대를 세웠으며, 충혜왕(1339~1343, 1343)은 궁궐에 배를 띄울 만큼 큰 연못을 만들고 연꽃을 심고, 가산에는 작약, 창포, 노란 황 모란을 심었다.

　민가에서는 이조년은 배나무, 이곡(1298~1351), 설장수(1341~1399)는 박태기나무, 정포(1309~1345)는 장미, 홍순(?~1376)은 복사나무, 이성계(1335~1408)는 함흥 본궁에 소나무, 권근(1352~1409)

은 복사나무, 살구나무, 강회백(1357~1402, 1376)은 지리산 단속사 마당에 매화나무를 심었다. 탁광무(14세기 말)는 광주 별장 연못에 연꽃을 심고, 최이(1356~1426)는 붉은빛, 보랏빛 작약 품종을 마당에 심었다.

분화 소재

이제현은 선물로 받은 난초 분화를 책상 위에 두었더니 그윽한 향이 방 안에 가득하였다고 했다. 풍란 분화의 첫 기록이다. 난초 분갈이는 포기를 나누어서 사기나 질그릇 화분의 모래나 자갈에 심었다(이제현). 정몽주(1337~1392)의 어머니(1337)는 꿈에서 화분에 심긴 난초 분화를 떨어뜨리고서 몽주를 낳고 몽란이라고 하였다. 전녹생(1318~1375)은 산에서 1미터가량의 소나무를 캐서 집으로 가지고 와서 화분에 심었고, 이색은 국화, 서향나무, 소나무 분화를 기르면서 서향나무 분화를 겨울 동안 움집에 두었다가 이듬해 한식에 꽃을 피웠다. 추운 개성에서 남부 지방과 비슷한 시기에 서향나무 꽃이 핀 것은 분화 소재의 다양화와 관상 지역 확대 측면에서 그 의미가 크다.

정몽주는 감나무, 국화, 난초, 대나무, 매화나무, 석류나무, 소나무, 월계화, 흰동백나무 분화, 성석린1338~1423)은 석류나무 분화, 최이(1356~1426)는 작약 등 분화 10여 종, 이원(1368~1429)은 대나무와 매화나무 분화를 길렀다.

한국의 꽃 역사 이야기

공간 장식

최이가 집에서 잔치를 할 때에는 큰 분화 네 개를 놓아서 연회장의 공간을 장식하였다.

건물 장식

소나무 가지를 엮어서 만든 송첨을 처마 끝에 대었는데, 햇빛 차단과 동시에 건물 장식을 한 것으로 보인다.

꽃꽂이와 꽃바구니

충남 예산의 수덕사 대웅전 벽화(1308)에는 수반에 담겨 있는 국화, 맨드라미, 모란, 작약, 치자꽃 등의 야생화도와 수초, 연꽃, 접시꽃 등이 담겨 있는 수화도가 있다. 서구방(고려 후기의 화가)의 양류관음도(1323)에는 물가 바위 위에 앉아 있는 관음보살 옆에 꽃병에 버들가지가 꽂혀 있고, 수월관음(보살)도에는 버들과 대나무 가지가 정병에 꽂혀 있고, 붉은 모란, 흰 연꽃, 연꽃봉오리 등이 연꽃 모양 수반에 담겨 있다. 버들가지는 부처님의 중생 사랑을 상징한다고 한다. 꽃병은 작은 정병, 큰 항아리, 병목이 가는 표주박 모양, 세로로 긴 원통형 등이 있고, 직사각형과 연꽃 모양의 수반이 있으며, 꽃꽂이 작품을 올려놓는 받침대가 있었다. 해인사 법당 벽화에는 꽃이 가득 담긴 꽃바구니가 있다. 꽃바구니의 첫 등장이다.

꽃 선물

충선왕(1308~1313)은 원나라를 떠나면서 한 여인에게 연꽃 한 송이를 주며 석별의 정을 나누고, 귀국 후에는 연로 대신에게 꽃가지 8~9개를 하사하고 장원급제한 사람에게 어사화를 하사하였다.

조선시대의 꽃

　조선이 건국하는 1392년부터 일제강점기가 시작되는 1910년까지, 문헌에 나타난 우리 꽃을 살펴보자. 언제 어떤 꽃이 어떻게 쓰였는지는 문자 기록으로 파악하나, 꽃 그림이 중요한 사료가 되기도 한다. 국화, 난초, 대나무, 매화나무의 사군자 그림, 대나무, 매화나무, 소나무를 그린 세한삼우도, 화훼와 관상식물 등의 화훼 그림, 잘린 꽃과 가지를 그린 절화와 절지 그림, 꽃과 새 그림, 산수화 등은 우리 꽃의 역사와 선조들의 원예 활동을 짐작할 수 있는 중요한 사료이다.

　사람을 그린 초상화 배경에도 꽃꽂이나 분화 등이 많이 등장하는데, 그림 속에서 식물이나 꽃뿐 아니라 화분과 꽃병, 수반과 받침대의 다양한 크기나 모양도 알 수 있다.

15세기의 꽃

비원예 활동으로는 선조들이 꽃을 감상한 다양한 기록이 있고, 강희안(1417~1464)은 국내 최초의 꽃 도서 『양화소록(養花小錄)』을 집필하고, 아름다운 풀과 나무에 품격을 부여하여 화목구품이라 하였다.

태종(1412)은 창덕궁 뒷마당의 광연루에서 모란을 감상하였다. 세종(1418~1450)은 중삼절(음력 3월 3일)을 명절로 삼고 진달래꽃을 감상하고 밭에서는 새싹을 밟아 주는 답청(踏靑)을 하며 노래를 부르고 춤을 추고, 중양절(음력 9월9일)에는 국화와 단풍을 구경하고 국화전을 부쳐 먹고 국화주를 마시고 노래와 춤을 추며 즐거운 시간을 보냈다. 강희안은 이른 봄에 매화꽃을 찾아서 감상하고, 이승소(1422~1484)와 김시습(1435~1493)은 늦겨울 눈 속의 매화꽃 한두 송이를 찾아 온 산을 헤매었고, 서거정은 빗속에서 홍련을 감상하고 향을 음미하였다. 사람들은 봄의 복사꽃과 오얏꽃, 여름의 연꽃, 가을의 국화꽃, 늦겨울의 화려한 매화꽃을 좋아하는데, 영천 귀양지에서 만난 김영지는 사철 푸른 대나무를 사랑하였다(유방선 1388~1443).

강희안은 『양화소록』을 저술하였는데, 아름다운 풀과 나무 52종에 품격을 부여하여 화목구품이라고 하였다. 품격의 기준은 꽃의 운치, 격조, 절개, 지조로 하였다. 1품으로 국화, 대나무, 매화나무, 소나무, 연꽃, 2품으로 모란, 3품으로 벽오동, 사계화, 석류나무, 영산홍, 왜철쭉, 월계화, 금송, 4품으로 노송, 단풍나무, 동백나무, 서향나무, 수양버들, 작약, 5품으로 금전화, 벽도, 삼색도, 아그배나무, 장미, 동자꽃, 흰 진달래, 치자나무, 파초, 홍도, 6품으로 두충, 배롱나무, 산철쭉, 진달래, 7품으로 목련, 배나무, 살구나무, 정향나무, 보장화, 8품으로 백경화, 겹꽃황매, 옥매, 접시꽃, 하늘나리, 9품으로 감나무, (들)국화, 맨드라미, 무궁화, 봉선화, 불등화, 옥잠화, 개양귀비, 패랭이꽃이다. 국화는 들국화가 아니라 잡종이다. 영산홍은 산철쭉과 왜철쭉을 가리키는데, 여기에는 산철쭉과 왜철쭉이 따로 있어서 혼란스럽다. 노송은 줄기가 구불구불한 늙은 소나무이고, 벽도와 홍도는 복사나무의 흰 꽃과 붉은 꽃이고, 삼색도는 한 그루에서 세 빛깔의 꽃이 피는 복사나무이다. 보장화는 임금이 남겨 두었다는 해당화이고, 백경화는 흰 꽃이 피는 백도라지로 보인다.

  원예 활동으로는 나무를 심어서 새로운 경치를 만들고, 꽃밭 만들기가 성행했으며, 식물원 규모의 큰 꽃밭이 생겼다. 꽃밭과 분화의 식물 소재가 다양해지고, 겨울 추위에 약한 분화는 움집에서 겨울나기가 관행화되고, 분화 기르기는 종에 따라서 씨앗, 꺾꽂이, 접붙이기로 시작을 했다. 왜철쭉의 내한성을 검정하고, 분란의 그림자놀이를 하고, 국화의 대국 품종이 분화 소재로 쓰였다. 온돌 움집을 만들고, 한겨울에 분매와 왜철쭉 분화의 꽃을 피우고, 국화 분화 한 포기와 복사나무 한 그루에서 여러 빛깔의 꽃을 피우고, 꽃꽂이를 하고 꽃으로 머리를 장식하였다.

조경 소재

세종(1428)은 건원릉에 행차하여 주변의 잡목을 뽑고 소나무와 잣나무를 심고, 충남 논산의 성삼문(1418~1456)의 사당과 묘소에 붉은 배롱나무를 심었다. 황형(1459~1520)은 강화도 바닷가에 어린 소나무를 심어서 새로운 경치를 만들었다.

꽃밭 소재

궁궐에서는, 이성계(1395)가 경복궁을 짓고 연못에 연꽃을 심었다. 태종(1405)은 창덕궁에 부용지를 만들어 홍련과 수련을 심고, 연못 주변에는 단풍나무, 소나무, 철쭉나무, 가산에는 단풍나무, 반송, 부용, 소나무, 아그배나무, 왜철쭉, 주목, 황매화, 화초, 앞뒤 마당에는 느티나무, 다래, 매화나무, 모란, 밤나무, 은행나무, 잣나무, 전나무, 측백나무, 향나무, 회화나무를 심어서 꽃밭을 만들었다. 하륜(1412)이 창덕궁 연못의 경회루에서 보니 연못은 산수와 조화롭고 소나무와 잣나무는 품격을 높이고 화초는 사람의 마음을 푸근하게 하였다.

민간에서는, 안평대군(1418~1453)이 동백나무, 소나무 등 48

종을 마당에 심고, 국화, 난초, 대나무, 매화나무의 사군자는 고아하고, 모란, 아그배나무는 꽃이 고우며, 목련, 옥잠화, 치자나무는 꽃이 청초하다고 하였다. 서거정은 금전화, 양귀비, 김종직(1431~1492)은 모란, 하위지(1412~1456)는 박태기나무, 성삼문은 소나무, 신숙주(1417~1475)는 장미를 심었다. 강희맹(1424~1483)은 복사나무, 살구나무, 앵두나무는 가까이 심고 오얏나무는 북쪽에 드물게 심는데 오얏나무 수명은 10년가량이라 하였다. 김시습은 원추리, 이우(1469~1517)는 붉은 접시꽃을 마당에 심었다.

식물원 규모

강희안은 화목구품의 52종에 더하여 감국, 개나리, 귤나무, 눈향나무, 대추나무, 동자꽃, 맥문동, 맹종죽, 목서, 반송, 반죽, 밤나무, 배롱나무, 백일홍, 부용, 붓꽃, 비파나무, 사철나무, 산국, 산수유나무, 삼나무, 삼색국화, 색비름, 석창포, 소귀나무, 솜대, 수선화, 양귀비, 오동나무, 오죽, 원추리, 자목련, 잣나무, 쪽, 창포, 철쭉나무, 측백나무, 탱자나무, 포도, 해당화, 향나무 등을 심어서 꽃밭을 만들었다. 들국화와 황국으로 불리던 감국과 산국이 제 이름을 찾았고, 삼색국화는 접붙이기로 만든 국화로, 한 포기에서 세 빛깔의 꽃이 핀다. 국화는 노란빛 금황과 은황 품종, 붉은빛 하연홍 등 스무 품종이 있었다.

분화 소재

하연(1376~1453) 부인의 초상화 배경에는 둥근 화분에 심긴 대
나무와 늙은 소나무가 있다. 세종(1426)은 일본에서 귤나무 모종
을 바치자 꽃을 관리하는 상림원에 심고, 대마도에서 바친 붉은
홑꽃 왜철쭉(1441)도 상림원에 심었다. 왜철쭉의 첫 도입 기록이
다. 궁궐에 유자나무 분화가 자라고, 문종(1450~1452)은 궁궐에서
자라는 귤나무 분화를 보고 시를 지었다. 강희안의 〈절매삽병도
(折梅揷甁圖)〉 배경에는 구불구불하고 늙은 매화나무와 오죽이 네
모난 큰 화분에 심겨 있다. 작은 토분이나 돌 용기에 석창포를 심
어서 책상 위에 두고 감상을 하였고, 강희안은 관음죽, 국화, 귤나
무, 난초, 눈향나무, 동백나무, 반죽, 배롱나무, 서향나무, 석류나
무, 노송, 아그배나무, 연꽃, 왜철쭉, 차나무, 창포, 치자나무, 혜란
등의 분화도 기르고, 분국은 넘어지지 않게 갈대나 해죽을 받침
대로 썼으며, 세종(1443)으로부터 하사받은 귤나무 씨앗을 화분
의 흙에 파종하여 꽃을 피웠다. 서거정은 매화나무, 치자나무, 김
질(1422~1478)은 배롱나무, 성현(1439~1501)은 맨드라미, 백일홍,
사계화, 서향나무, 겹꽃석류나무, 측백나무, 치자나무 분화를 길
렀다. 신용개(1463~1519)는 대들보에 닿을 만큼 키와 꽃이 큰 대
국 분화 여덟 포기를 기르면서 이 분국은 귀한 손님이라며 무척
아꼈다.

재배 기술

귤나무는 씨앗 파종, 국화, 배롱나무, 서향나무는 줄기 꺾꽂이, 그리고 겹꽃석류나무는 목서 대목에 접붙이기로 분화 기르기를 시작하고, 겨울 추위에 약한 귤나무, 대나무, 동백나무, 배롱나무, 서향나무, 왜철쭉, 유자나무, 차나무, 치자나무 분화는 움집에서 겨울을 났다. 화분 소재는 사기, 돌, 흙이었고, 화분의 크기와 모양은 다양하였다.

내한성 검정

강희안은 궁궐에서 구해 온 왜철쭉이 겨울 추위를 견디는지를 검정하기 위하여 왜철쭉을 마당과 화분에 나누어 심었다. 마당에 심은 왜철쭉은 추위로 모두 죽었으나 화분에 심어서 움집에서 겨울을 난 왜철쭉 분화는 살아남았다. 도입종의 내한성을 검정한 첫 사례이다.

그림자놀이

강희안과 강희맹 형제는 분란을 책상 위에 올려놓고 등불에 비친 난초 잎과 꽃 그림자를 즐겼다.

매화와 왜철쭉 촉성

세종(1428) 때에는 움집 외벽을 흙벽돌로 쌓고 움집 바닥을 온돌로 깔아서 온돌 움집을 만들었다. 김수온(1410~1481)은 온돌방 안에 만든 매화 집에서 한겨울에 분매의 꽃을 피웠다. 고려 때 움집에서 촉성한 것보다 개화 시기가 앞당겨졌을 것이다. 궁궐의 장원서에서는 한겨울에 핀 왜철쭉 분화를 성종(1471. 11. 21)에게 바쳤는데 왕은 인위적으로 만든 거울 꽃은 자연의 섭리에 어긋난다며 분화를 되돌려주었다.

이색국화, 삼색국화, 사색국화, 삼색도

강희안은 국화 분화 한 포기에서 흰빛, 노란빛 꽃이 피는 이색국화, 세 빛깔의 꽃이 피는 삼색국화를 만들고, 서거정은 흰빛, 자줏빛, 주황빛, 붉은빛 꽃이 피는 사색국화를 만들었다. 강희안은 또 복사나무 한 그루에서 세 빛깔의 꽃이 피는 삼색도도 만들었다. 특이한 국화와 복사나무는 접붙이기로 만들기 때문에 그 특성이 후손에게 유전되지 않으므로 필요할 때마다 새로이 만들어야 하는 번거로움이 뒤따른다. 하지만 당시로서는 획기적인 기술이었다.

꽃꽂이

하연 부인의 초상화 배경에는 수반에 꽃이 꽂혀 있고, 〈관경16관변상노(觀經十六觀變相圖)〉(1435)에는 꽃병에 꽃들이 꽂혀 있고, 강희안의 〈절매삽병도〉에는 잘린 매화꽃가지가 꽃병에 꽂혀 있다. 딸이 외가에서 가져온 모란꽃 한 송이를 꽃병에 꽂아 두고 감상하였다는 기록이 있다.

머리 장식

가례 등의 궁궐 연회(1456) 때에는 왕, 신하, 내시, 궁녀, 악관, 무희, 기녀 등 모든 참석자는 탁자나 선반 위에 준비해 둔 잘린 꽃으로 머리를 장식하고 연회를 시작하였다.

꽃 선물

왕은 주인공에게 헌화를 하거나 하사를 하고, 꽃을 흩뿌리는 산화를 하였다.

16세기의 꽃

비원예 활동으로는 꽃 감상을 하고, 서울 근교에는 이름난 꽃놀이 장소가 많았다. 오색겹꽃 동백나무가 일본으로 반출되었다.

늦겨울에 매화꽃을 찾아다니는 신잠(1491~1554)의 〈탐매도〉가 있고, 명종~선조 때의 최전이 강릉 경포대에서 보니 벽도화가 지는데 보러 오는 사람이 없고, 권필(1569~1612)은 비 오는 밤에, 이정구(1543~1620)는 달밤에 연꽃 감상을 즐겼다. 꽃놀이는 화류, 화전놀이, 꽃 다림이라고 하고, 이항복(1556~1618)은 서울 근교의 이름난 꽃놀이 장소로 자하문 밖의 개나리, 능금나무, 매화나무, 밤나무, 배나무, 복사나무, 살구나무, 앵두나무, 용담, 진달래, 북악산 필운대의 살구나무, 성북동의 복사나무, 동대문 밖의 버드나무, 천연정의 연꽃, 남산 등을 꼽았다.

임진왜란(1596) 때 왜군이 울산 학성에서 자라는 다섯 빛깔의 오색겹꽃 동백나무를 일본으로 가지고 갔는데, 1992년에 그 이세(二世)로 추정되는 동백나무가 일본에서 울산으로 돌아왔다. 오색겹꽃과는 달리 꽃잎에 두세 빛깔의 반점만 있다.

원예 활동으로는 집 주변에 나무를 심고, 대나무로 불리던 솜대, 오죽, 왕대가 제 이름을 찾았으나 난초와 맥문동을 구분하지 못했다. 꽃밭 만들기와 분화 기르기가 성행하고 식물 소재의 종이 늘어나고, 큰 옹기의 물에서 연꽃을 기르고, 분란과 분국의 그림자놀이를 하고, 황국을 분재 소재로 쓰고, 한겨울에 온돌방과 온돌 움집에서 분화와 절지의 꽃을 피우고, 세 빛깔의 꽃이 피는 복사나무를 만들고, 다양한 모양의 석류나무 분화를 만들고, 접붙이기로 품종의 특성을 유지했다. 잘린 꽃으로 머리를 장식하고, 꽃꽂이를 하고, 꽃을 선물하고, 꽃 공양을 하고, 왜철쭉 분화를 비싼 책과 맞바꾸었다.

조경 소재

송희규(1494~1558)는 경북 성주 백세각 주변에 회화나무를 심었고, 율곡 이이(1536~1584)는 자신이 살았던 파주의 화석정과 어머니 신사임당의 주거지였던 강릉 오죽헌 주변에 밤나무를 심어서 새로운 경치를 만들었다.

꽃밭 소재

이행(1478~1534)은 매화나무와 목련을 집 마당의 꽃밭 소재로 썼다. 신광한(1484~1555)은 감국과 국화, 소세양(1486~1562), 심희수(1548~1622), 조찬한(1572~1631)은 매화나무, 이황(1501~1570, 1562)은 안동 도산서원의 마당에 절개를 상징하는 국화, 대나무, 매화나무, 소나무의 사절우와 회양목을 심고 동쪽 마당 연못에는 연꽃을 심고 정우당이라 하였다. 정우는 깨끗한 벗으로 연꽃의 별칭이다. 양산보(1503~1557, 1530년경)는 전남 담양에서 난초, 대나무, 매화나무, 배롱나무, 복사나무, 살구나무, 소나무, 오동나무, 치자나무 등을 심고 소쇄원이라고 하였다. 소쇄원은 우리나라 3대 정원의 하나라고 한다. 사괴당 변응녕(1518~1586)의 고택에는 큰 느티나무와 반송이 있고, 노수신(1515~1590)은 금송, 두충, 비자나무, 삼나무, 소나무, 전나무, 측백나무, 회양목 등, 상록수 열종을 심고 정자 이름을 십청정이라 하고, 구사맹(1531~1604)은 자목련, 권호문(1532~1587)는 봉선화, 정구는 짚으로 엮은 작은 집에서 매화나무를 많이 심고 백매원이라 하고, 유희경(1545~?)은 집 안에서 붉은 복사꽃이 피면 부녀자가 바람난다며 홍도화는 담장 밖 동남쪽에 심고, 이수광(1563~1628, 1614)은 국화, 능금나무, 능수버들,

동백나무, 매화나무, 모란(백), 봉선화, 솜대, 연꽃, 오죽, 왕대, 왜철쭉, 장미, 치자나무 등을 심고, 허균(1569~1618)은 감나무, 대나무, 모란, 밤나무, 홑꽃과 겹꽃 석류나무, 백련과 홍련, 자두나무, 조릿대, 춘란, 패랭이꽃 등을 심고, 정경세(1563~1633)는 매화나무와 사계화를 심었다. 신사임당(1504~1551)의 그림에 도라지, 물봉선, 양귀비가 등장하고, 국화의 우절국, 금봉황 품종이 등장한다.

분화 소재

연산군(1494~1506, 1505)은 장원서와 팔도에 명을 내려 흙이 붙어 있는 국화, 동백나무, 들국화, 봉선화, 왜철쭉, 유자나무, 장미, 치자나무 등의 분화를 민가에서 강제로 조달받았다. 중종(1506~1544, 1530)은 맨드라미, 목련, 석류나무, 왜철쭉 분화, 김안로(1481~1537)는 난초, 매화나무, 석류나무 분화를 기르고, 난초 애호가들과는 난초의 고고함을 자랑하고 난초를 감상했다. 김인후(1510~1560)는 치자나무 분화, 박승임(1517~1586)과 하항(1538~1590)은 소나무 분화를 기르고, 이산해(1539~1609)는 큰 옹기에 소나무를 심어서 햇볕이 드는 양지에 두고 3일에 한 번씩 물을 주면서 습하지 않게 하였다. 조성(1492~1555)과 김성일(1538~1593)은 매화나무 분화, 조성은 구불구불하고 고풍스럽고 늙은 홑꽃과 수척한 가지에 꽃이 드문드문 피어서 운치와 격조 있는 분매가 명품이라고 하였다. 퇴계 이황은 매화 사랑이 남달라서 늘 분매를 곁에 두었는데 임종할 때는 분매에 물을 주라는 유언을 남겼다. 궁궐 승정원에는 귤나무, 눈향나무, 사계화, 서향나무, 석류나무, 석창포, 소나무, 연꽃, 오죽 분화, 홍문관에는 석창포 분화가 있었다(최립 1539~1612). 정희맹(1536~1596)은 국화, 난초, 대나무, 매화나무 분화, 이시발(1569~1626)은 소나무의 노송 분화를 주로 길렀다. 혜란 분화가 이우(1542~1609)와 이정(1554~1626, 1594)의 묵란 그림에 보인다.

연꽃 분화

이산해는 연꽃을 큰 옹기의 물에서 길렀다. 삼국시대에 연꽃을 길렀던 돌 용기에 비하면 옹기는 가볍고 폭이 좁고 깊이가 깊은 특징이 있다. 연꽃의 옹기 재배는 옹기의 물속에 씨앗을 바로 뿌리거나, 씨앗에서 싹을 틔운 어린 묘를 뿌리거나, 땅속줄기 이른바 연근의 포기를 나누어서 심었을 것이다.

그림자놀이

김안로는 선물로 받은 분란의 그림자를 아들에게 그리게 하고, 하수일(1553~1612)은 촛불이나 등잔불에 비치는 분국의 그림자를 누워서 즐겼다. 이후백(1520~1578)과 조헌(1574)은 중국에서 맥문동을 난초로 알고 비싸게 사 와서 화분에 심어서 기르고, 유몽인(1559~1623)은 연경에서 난초를 선물로 받았는데 이 난초는 잎이

물에 가라앉고 뿌리에 알이 없어서 진짜 난초라고 하고, 부여 백마
강가 언덕 위의 고란사에서 자라는 난초는 진짜라고 하는 등 난초
를 알아보지 못하였다. 맥문동과 모양이 비슷한 난초는 춘란뿐이
다. 춘란을 난초라 하면서도 맥문동과 제대로 구별하지 못한 것으
로 보인다.

황국 분재

정운희(1566~1635)는 황국의 줄기를 작은 질그릇 화분의 흙에
꺾꽂이를 하여서 뿌리가 나면 물잔에 담긴 종이 오라기를 뿌리에
감아서 소량의 물을 공급하고, 가지를 자르는 전정을 하여서 분재
국화의 모양을 만들고 꽃을 피웠다. 감국이나 산국으로 보이는 황
국이 넘어지지 않게 갈대나 해죽으로 받침대를 세웠다. 황국 분재
의 첫 기록이다.

조선시대에는 분화와 분재를 구분하지 않고 분경이라 하였으나
지금은 분화와 분재를 구분하고 있다. 분재(bonsai)는 낮은 화분에
서 돌과 풀이나 나무를 함께 기르거나 미량 관수를 하여서 생장을
억제하거나 전정을 해서 특이한 모양을 만드는 등 분화와는 다른
형태의 용기 재배이다.

분화 촉성

많은 사람들이 겨울에 피는 분화와 절지의 꽃을 보려고 움집 바

닥에 온돌을 깐 온돌 움집을 만들었다(김안로). 분화와 절지의 촉성을 온돌방과 온돌 움집에서 하게 되었다. 꽃눈의 촉성은 강제휴면기에 분화나 절지를 따뜻한 곳으로 옮기면 언제든 가능하다. 그러나 강제휴면의 시작은 종에 따라 약간씩 다르므로 따뜻한 장소로 옮기는 시기 결정에 많은 시행착오가 있었을 것이다. 이제신(1536~1583)은 한겨울에 온돌 움집에서 왜철쭉 분화의 꽃을 피우고, 강항(1567~1618)은 분매를 낮에는 빛을 쬐고 밤에는 온돌방에 들이고 따뜻한 물을 주어서 동지에 꽃을 피웠다. 세계 최고의 분매 촉성 기술이었다. 절지는 물이 담긴 용기에 가지를 꽂아서 겨울에 꽃을 피웠다. 명종(1545~1567)은 인위적으로 피운 겨울 꽃은 자연의 섭리에 어긋난다며 좋아하지 않았다.

삼색도

이항복의 사위는 복사나무 한 그루에서 홍도, 벽도 등 세 빛깔의 꽃이 피는 삼색도의 아름다움을 노래하였다.

석류나무 분화

송타(1567~1597)는 석류나무 분화의 가지를 구부리고 펴고 잘라서, 고매나 노송처럼 줄기가 구불구불하거나, 반송처럼 위가 둥그스름하거나, 길쭉한 기둥 모양이거나, 위가 뾰족한 잣나무 모양 등을 만들었다. 늙은 석류나무 노류의 인기가 가장 높았다. 석류나무 분화에 열매가 달리면 관수량을 줄이고 물뿌리개로 물을 주었다. 가지를 자르는 전정가위가 등장한다.

접붙이기

이제신은 왜철쭉 실생묘 대목의 뿌리 부근에 왜철쭉을 접붙였다. 씨앗번식을 하면 여러 빛깔의 꽃이 피는 이른바 품종분리 현상이 나타난다. 이를 방지하고 자신이 원하는 특정 빛깔의 왜철쭉 품종을 얻기 위하여 접붙이기를 하였다. 영양번식의 특징을 잘 알고 있었다.

머리 장식

문정왕후(1501~1565)는 머리에 꽃을 꽂고 궁궐 뒷마당에서 공신 부인들과 꽃놀이를 하였다.

꽃꽂이

이경윤(1545~1611)의 인물도 배경에는 꽃병에 꽃가지 하나가 꽂혀 있다.

꽃 선물

임제(1549~1587)가 대동강가에서 보니 이별하는 사람이 많아서 님 드릴 버들가지가 없다 노래했다. 길 떠나는 이에게 버들가지 선물은 상례였다(이익 1681~1763).

꽃 공양

백중(음력 7월 15일)에는 불단에 꽃과 과일을 공양하고, 49재 때에는 불단에 헌화나 산화를 하였다(성현 1525, 김매순 1819).

화훼원예

돈벌이를 목적으로 꽃을 생산하고 판매를 하고, 꽃을 이용하여 꽃 장식을 하는 프로의 원예를 화훼원예라고 한다. 왜철쭉 분화는 희귀성이 있는 인기 품목이라 비싼 책과 맞바꾸었다(이덕형 1561~1613, 죽창한화). 지금까지는 모든 분화가 취미 원예의 소재였는데 왜철쭉 분화가 환전식물이 되었다. 곧 꽃이 농작물로 변신을 한 것이다. 농작물은 작물(crop)과 같은 뜻으로 경제성 있는 식물을 이르는 말이다. 이렇게 보면 왜철쭉은 첫 화훼작물이 되었다. 우리나라에서 화훼원예의 가능성이 보인 역사적인 시기이다.

17세기의 꽃

비원예 활동으로는 꽃의 사품론이 등장하고, 늦겨울에 매화꽃을 감상하고,「화왕전」에 품종이 등장한다.

허균은 꽃을 염화, 명화, 은화, 선화의 네 부류로 나누었다. 복사꽃이나 자두꽃처럼 한꺼번에 화려하게 피고 금방 떨어지거나 산

골짜기에서 자라서 이름은 들어도 쉽게 보기 어려운 꽃은 염화, 모란이나 작약처럼 탐스럽고 고귀한 품격을 지닌 꽃은 명화, 국화처럼 은둔한 선비처럼 고결한 기상을 지니거나 숲속에서 자라서 가까이 할 수는 있어도 친하게 대할 수 없는 꽃은 은화, 진흙에서 자라서 고상한 품격과 운치를 갖춘 연꽃, 아침에 피고 저녁에 지는 것을 수없이 반복하는 무궁화와 아침에 피고 저녁에 오므리는 원추리는 사물의 이치를 깨닫게 해주는 선화라고 하였다. 김명국(1600~?)은 늦겨울에 매화꽃을 찾아다니는 〈탐매도〉를 그렸다. 김수항(1629~1689)은 꽃을 사람에 견준 「화왕전」에서 모란의 노란 꽃은 왕, 자줏빛 꽃은 왕후, 작약은 양주후, 계수나무는 월중후, 살구나무는 곡강후, 해바라기는 향일후의 벼슬, 복사나무, 오얏나무, 해당화 등의 30여 종은 신하로 삼았다. 선비인 국화는 가상처사, 난초는 향원처사, 매화나무는 빙옥처사, 연꽃은 청정처사로 불렀다. 설총의 「화왕계」에 비하면 종도 많고 품종이 새로이 등장한다.

원예 활동으로는 새로운 경치를 만들고, 꽃밭 만들기가 계속되고, 식물원 규모의 큰 꽃밭이 생겨나고, 모란과 국화 품종이 등장하고, 분화 기르기가 성행하고, 한겨울에 분매의 꽃 피우기가 성행하고, 삼색국화와 오색국화가 등장하고, 꽃이 작거나 한 그루에서 두세 빛깔의 꽃이 피는 복사나무를 만들고, 모란과 연꽃의 꽃 빛깔을 바꾸고, 연회장의 테이블 장식에 절화, 분화, 분재가 쓰이고, 불교식 혼례에 꽃이 쓰이고, 꽃병에 꽃꽂이를 하고, 장례 기간이 긴 왕실의 국상 때에는 조화를 쓰고, 분화는 인기 상품으로 시장에서 각광을 받았다.

조경 소재

대구 웃골 마을에 1616년에 심은 회화나무 노거수가 있고, 효종(1649~1659)은 서울 우이동에 벗나무를 심어서 활의 소재로 쓰고, 제주관아의 귤림당 앞 과수원에는 치자나무가 자랐다(이해조 1660~1711).

꽃밭 소재

이안눌(1571~1637)은 붉은 줄기에 노란 꽃이 피는 감국을 마당에 심어서 꽃밭을 만들고, 신정(1628~1687)은 국화, 박세당(1629~1703)은 감국, 국화, 동백나무, 매화나무, 베고니아, 서향나무, 소나무, 월계화, 차나무, 이시백(1581~1660)은 모란, 오준(1587~1666)은 매화나무, 이식(1584~1647), 김응조(1587~1667), 고영후(1680)는 배나무를 마당에 심고, 윤선도(1587~1671, 1637)는 보길도 부용동에 정자를 짓고 연못에 연꽃을 심고 주변에는 대나무와 소나무 등을 심었다. 부용은 연꽃의 별칭이고 부용동은 우리나라 3대 정원의 하나라고 한다. 유계(1607~1664)는 연못에 연꽃을 심고 정자를 지어서 정우당이라 하였다. 정영방(1577~1650)은 연못에 연꽃, 마당에 국화, 대나무, 매화나무, 박태기나무, 소나무, 패랭이꽃을 심고, 경북 영양의 집에는 못을 파서 나온 흙을 쌓아서 국화, 난초, 대나무, 매화나무의 사군자를 심고 네 벗이 함께하는 사우단이라 하고, 김창업(1658~1721)은 정향나무를 심었다. 숙종(1674~1720)은 궁궐 마당에서 자라는 귤나무를 감귤이라고 하였다. 귤나무로 불리던 감귤이 제 이름을 찾았다.

식물원 규모

허목(1595~1682)은 경기 연천에 눈향나무, 맥문동, 부처손, 비자나무, 소나무, 왕대. 잣나무, 측백나무 등 늘 푸른 풀과 나무 열 종을 심고 십청원이라 하고, 감나무 국화, 녹나무, 단풍나무, 매화나무, 모란, 범부채, 석창포, 오동나무, 작약, 정향나무, 창포, 파초 등도 심었다.

홍만선(1643~1715)은 마당에 감국, 국화, 금송, 난초, 눈향나무, 느티나무, 대나무, 대추나무, 동백나무, 매화나무, 맨드라미, 모과나무, 모란, 박태기나무, 밤나무, 배나무, 배롱나무, 버드나무, 복사나무, 봉선화, 부용, 사계화, 사과나무, 산수유나무, 살구나무, 서향나무, 석류나무, 석창포, 소나무, 수양버들, 앵두나무, 오얏나무, 왜철쭉, 은행나무, 작약, 잣나무, 접시꽃, 정향나무, 측백나무, 치자나무, 파초, 패랭이꽃, 편백나무, 포도, 해당화, 해바라기, 해송, 호두나무, 회양목 등을 심고, 연못 안에는 마름, 순채, 연꽃을 심고 못가에는 부들, 원추리 등을 심었다.

이만부(1664~1732)는 경북 상주에서 감나무, 국화, 관음죽, 눈향나무, 대추나무, 동백나무, 매화나무, 모과나무, 모란, 밤나무, 배나무, 배롱나무, 버드나무, 복사나무, 뽕나무, 살구나무, 석류나무, 석창포, 소나무, 수유나무, 앵두나무, 연꽃, 오동나무, 오죽, 왕대, 월계화, 장미, 치자나무, 파초, 호두나무 등을 심었다.

이동언(1662~1708)은 마당과 경사면의 계단과 사각지에 국화, 금송, 난초, 능금나무, 능소화, 단풍나무, 대나무, 동백나무(춘백), 두충, 매화나무, 맥문동, 모란, 목련, 무궁화, 배나무, 백목련, 백일홍, 버드나무, 벚나무, 복사나무, 불두화, 사과나무, 산수유나무, 살구나무, 석류나무, 소나무, 앵두나무, 영산홍, 오동나무, 왜철쭉, 원추리, 월계화, 자목련, 작약, 장미, 정향나무, 진달래, 철쭉나무, 측백나무, 치자나무, 탱자나무, 파초, 패랭이꽃, 포도, 하늘나리, 해당화, 해송, 향나무, 회양목 등을 심고, 연못에는 마름, 순채, 연꽃, 못가에는 창포를 심었다. 춘백은 꽃이 늦게 피는 동백나무이고, 영산홍은 산철쭉으로 보인다.

품종

이시백은 모란의 아름다운 붉은빛 금사낙약홍 품종을 길렀는데 효종이 그 모란을 달라고 하자 이시백은 물건으로 임금을 섬길 수 없다면서 금사낙약홍을 베었다. 이 밖에 모란 품종으로는 김수항의 노란빛, 자줏빛, 이동언의 흰빛, 노란빛 요황, 보랏빛 위자가 있다. 국화 품종으로는 양귀비, 연지홍, 소설오, 취양비가 있다. 신정은 꽃이 예쁘고 향이 있는 노란 왜황 품종을 울타리 아래에 심었고, 박세당은 초가을에 피는 조생품종과 초겨울에 피는 만생품종을 길렀다. 국화에서는 꽃 빛깔뿐 아니라 개화 시기가 다른 품종도 등장한다.

분화

이식은 난초, 매화나무, 소나무, 김육(1580~1658)은 소나무, 박세당(1676)은 감국, 국화, 동백나무, 매화나무, 베고니아, 서향나무 소나무, 월계화, 차나무, 홍만선은 모란, 소나무, 패랭이꽃, 이만부는 동백나무, 이동언은 동백나무(춘백), 매화나무, 석류나무, 영산홍, 왜철쭉, 치자나무 분화를 길렀다. 정선(1676~1759)의 그림에는 화분에 심긴 분란이 있다. 박세당과 홍만선은 큰 옹기의 물에서 연꽃을 기르고, 숙종(1692) 때의 조덕린(1658~1732)이 궁궐에서 보니 승정원 잔디밭 위의 작은 꽃밭에는 입구가 넓은 큰 옹기가 땅에 묻혀 있고 옹기에는 연꽃이 피었는데 사람들은 분련의 운치를 즐겼다.

분재

오이익(1618~1667)은 작은 화분에서 돌과 함께 난초, 단풍나무,

석창포를 기르고, 한태동1646~1687)은 석창포가 심긴 작은 돌 용기를 책상 위에 두고 감상을 하고, 석창포는 잎이 가늘수록 명품이라고 하였다. 이동언은 화분에서 괴석과 함께 창포를 기르면서 해마다 창포 잎을 자르면 잎이 가는 석창포가 된다고 하였다. 창포와 석창포는 종이 다르므로 창포 잎이 가늘어졌다 하여 석창포가 될 수 없다. 김만중(1637~1692)의 고대소설 「구운몽」(1687)에 매화나무 분재 그림이 등장한다.

분매 촉성

박장원(1612~1671)과 홍태유(1672~1715)는 서울의 온돌방 한쪽에 매합, 매감, 감실, 매옥, 매실로 불린 이른바 매화 집을 만들고 한겨울인 음력 12월에 분매의 꽃을 피웠다. 온돌방 안에 매화 집을 만든 첫 기록이다. 섣달에 핀 매화는 납매라고 하였다. 이동언과 홍대유(1672~1715)도 온돌방 한쪽에 매옥을 만들어서 한겨울에 분매의 꽃을 피웠다. 국화는 조생과 만생 품종으로 촉성과 억제를 하나 분매는 꽃눈의 강제휴면 기간을 줄여서 촉성을 하였는데, 지금도 마찬가지이다.

삼색국화와 오색국화

조우신(1583~?)은 국화 한 포기에서 노란빛, 흰빛, 붉은빛 꽃이 피는 삼색국화 분화를 선물로 받고, 채팽윤(1669~1731)은 강릉 경포호 부근에서 한 포기에서 다섯 빛깔의 꽃이 피는 오색국화를 보았다. 궁궐 장원서에서는 삼색국화와 오색국화 분화를 만들어서 중양절에 왕에게 바쳤다. 삼색국화와 오색국화는 접붙이기로 만들었다.

소도, 이색도, 삼색도

홍만선과 이만부는 버들가지 사이로 꽃이 보일 만큼 꽃이 작고 붉은 복사나무 홍도를 만들고 소도라고 하였다. 이동언은 복사나무 한 그루에서 붉은빛과 흰빛이 피는 이색도와 세 빛깔의 꽃이 피는 삼색도를 만들었다. 소도는 수양버들 대목에 홍도를 접붙이기 하고, 이색도와 삼색도는 빛깔이 다른 꽃을 접붙여서 만들었다.

꽃 염색

홍만선은 흰 모란 분화에 천연염색 소재 식물 우린 물을 관수하여 붉은빛과 자줏빛으로 꽃 빛깔을 바꾸었다. 붉은빛은 잇꽃 꽃잎 우린 물, 자줏빛은 지치 뿌리 우린 물을 사용하였다. 한편, 염색 소재 식물 우린 물이 담긴 큰 옹기에서 흰 연꽃 백련을 재배하여 푸른빛, 붉은빛, 노란빛으로 바꾸었다. 푸른 청련은 쪽잎 우린 물에서, 붉은 홍련은 잇꽃의 꽃잎 우린 물에서, 노란 황련은 치자열매 우린 물에서 만들었다. 자연에서 볼 수 없는 특이한 빛깔의 모란과 연꽃을 만들었다. 천연염색 소재 식물로 꽃 빛깔을 바꾼 첫 염색화이다. 이 밖에 강황과 황칠나무는 노란빛, 꼭두서니는 주홍빛 염색 소재로 쓰였을 것이다.

재배 기술

박세당은 꽃과 열매를 많이 달려고 과일나무 가지 사이에 돌을 꽂아 두는 이른바 나무시집보내기를 하고, 겨울 추위에 약한 나무는 짚이나 천 등으로 나무를 감아서 보온을 하는 이른바 겨울옷을 입히고 한식이 지나면 옷을 벗기고, 겨울 동안 씨앗, 뿌리, 분화는 움집에서 저장을 하고, 낙엽수 분화는 서리를 두세 번 맞고 잎이 떨어진 다음에 움집에 들이고, 나뭇가지를 자르는 전정을 하고, 꽃이 일찍 피는지 늦게 피는지, 습한 곳을 좋아하는지 싫어하는지, 빛을 좋아하는지 싫어하는지, 고온과 저온 어느 쪽을 좋아하는지 등을 파악하였다.

테이블 장식

왕실의 가례, 기로연 등 축하연에 참석하는 모든 사람들은 머리에 꽃을 꽂았으며 주인공에게는 국화 등을 헌화하였다. 궁궐과 민간의 회갑, 회혼, 전통 혼례, 돌잔치 등 연회가 열리면 초례상 양 옆에 큰 청화백자 꽃병이나 청동 꽃병에 모란꽃을 꽂아 두고, 음식상 위에는 작은 꽃병이나 수반에 꽃을 꽂아 두고, 음식상 양옆에도 큰 꽃병이나 항아리에 꽃을 꽂아 두었다(1627). 상을 장식하는 꽃을 상화라고 하였는데 테이블 장식용 꽃과 같은 뜻이다. 상화 소재로는 국화, 대나무, 동백나무, 매화나무, 모란, 목서, 사철나무, 소나무, 연꽃, 해당화 등이 꽃꽂이, 분화, 분재 형태로 쓰였다. 오색국화 분화와 촉성 분매 등도 상화 소재로 쓰였다. 민가에서 축하연이 열릴 때에는 연회 장소에 여러 빛깔의 모란꽃 그림이 있는 병풍을 쳤다(1605).

불교혼례

인조(1623~1649) 때 절에서 결혼식을 하면 화동과 화녀가 꽃바구니에 담긴 꽃을 흩뿌리며 주례 법사와 신랑 신부를 안내하고, 혼례가 끝나면 꽃병에 꽃 다섯 송이와 꽃 두 송이를 꽂아서 불전에 바쳤다. 영혼천도 의식인 49재 때에는 헌화와 산화를 하였다. 불교에서는 세 가지 아름다운 꽃으로 국화, 매화나무, 연꽃을 꼽았다.

꽃꽂이

임경업(1594~1646) 장군의 초상화 배경에는 대나무, 매화나무, 소나무 가지가 꽂힌 표주박 모양의 꽃병과 병목이 세로로 긴 호리병 모양의 꽃병이 받침대에 놓여 있다.

조화

효종의 국상(1659) 때에는 비단으로 만든 매화나무, 모란, 배나무, 복사나무, 살구나무, 아그배나무, 연꽃, 진달래 등의 꽃과 감귤,

홍시 등의 과실을 유밀과에 꽂거나 올려놓았다. 국상은 그 기간이 길어서인지 생화를 쓰지 않고 조화를 썼다.

화훼원예

왜철쭉과 치자나무 분화는 시장에서 비싼 가격으로 거래되었다 (김창업). 책과 맞바꾸었던 왜철쭉 분화가 현금으로 거래되고, 이어서 치자나무 분화도 화훼작물이 되었다. 둘 다 내한성이 약하고 꽃이 아름답고 사철 푸른 특징이 있다.

18세기의 꽃

비원예 활동으로는 꽃 감상을 하고, 꽃놀이를 하고, 꽃의 개화 시기를 열두 달로 나누고, 꽃에 품격을 부여하여 화목구품을 작성하고, 풍자소설 「화왕전」에 품종이 등장한다.

눈 내리는 한겨울에 매화꽃을 찾아다니는 심사정(1707~1769, 1766)의 〈심매도〉와 최북(1720~?)의 〈파교심매도〉, 비 오는 계곡에서 연꽃을 감상하는 정선의 〈염계상련도〉, 배 위에서 매화꽃을 감상하는 김홍도(1745~1806?)의 〈선유도〉, 살구꽃이 핀 신윤복(1758~?)의 풍속도 〈연소답청〉과 연못에서 연꽃놀이를 하는 〈연당여인도〉가 있다. 채제공(1720~1790)은 삼월삼짇날에는 꽃놀이를 하고 중양절에는 들국화 꽃으로 화전을 부쳐 먹고, 박문수(1691~1756)와 박지원(1737~1805)은 살구꽃의 구경 장소로 서울의 북악산 필운대가 유명하다고 하고, 정조(1766~1800)는 궁녀들의 꽃놀이, 뱃놀이, 기생놀이 등의 폐단을 지적하였다.

유박(1730~1787)은 꽃의 개화 시기를 열두 달로 나누었다. 1월에는 동백나무, 매화나무, 진달래, 2월에는 매화나무, 산수유나무, 동백나무(춘백), 복사나무, 3월에는 능금나무, 명자나무, 배나무, 복사나무, 이 밖에 봄에 피는 두충, 사계(화), 살구나무, 수양버들, 아그배나무, 앵두나무, 자두나무, 정향나무, 4월에는 나팔나리, 모란, 왜철쭉, 월계화, 작약, 장미, 철쭉, 치자나무, 해당화, 5월에는 서향나무, 석류나무, 월계화, 위성류, 창포, 6월에는 목련, 무궁화, 사계화, 석류나무, 연꽃, 접시꽃, 패랭이꽃, 이 밖에 봄여름에 피는 감나무, 능소화, 배롱나무, 봉선화, 오동나무, 파초, 협죽도, 7월에는 금전화, 무궁화, 배롱나무, 옥잠화, 털동자꽃, 패랭이꽃, 8월에는 금전화, 배롱나무, 월계화, 털동자꽃, 패랭이꽃, 9월에는 국화, 단풍나무, 사계화, 털동자꽃, 패랭이꽃, 이 밖에 가을에 피는 구절초, 도라지, 봉선화, 용담. 코스모스, 포도, 10월에는 털동자꽃, 국화, 11월에는 국화, 매화나무, 12월에는 매화나무, 동백나무, 이 밖에 겨울에 사철 푸른 유자나무, 눈향나무, 대나무, 사철나무, 소나무, 소철, 종려, 회양목 등을 감상할 수 있다. 여기서 달의 구분은 음력을 기준으로 한다.

한국의 꽃 역사 이야기

유박은 품격, 부귀, 절개, 운치, 화려, 특징 등을 완상 기준으로 아름다운 풀과 나무 45종에 품격을 부여하는 화목구품을 작성하였다. 각 등급은 5종씩이다. 1품은 고상한 품격을 갖추고 운치가 있는 국화, 대나무, 매화나무, 소나무, 연꽃, 2품은 부귀가 연상되는 모란, 왜철쭉(홍), 작약, 파초, 석류나무(겹꽃), 3품은 운치가 있는 눈향나무, 동백나무, 사계(화), 종려, 치자나무, 4품은 운치가 있는 서향나무, 소철, 유자나무, 포도, 화리, 5품은 화려한 복사나무, 석류나무, 수양버들, 아그배나무, 장미, 6품은 화려한 감나무, 배롱나무, 살구나무, 오동나무, 진달래, 7품은 특성이 있는 단풍나무, 목련, 배나무, 앵두나무, 정향나무, 8품은 특성이 있는 두충, 무궁화, 봉선화, 옥잠화, 패랭이꽃, 9품은 특성이 있는 금전화, 접시꽃, 창포, 털동자꽃, 회양목이다. 화리는 종 이름이 분명하지 않다. 강희안의 화목구품과는 조사 기준, 등급별 종의 수, 시대, 꽃 선호도 등의 차이로 꽃의 등급이 조금 다르다.

이이순(1754~1832)은 꽃을 사람에 견준 풍자소설 「화왕전」에서 왕은 모란의 요황 품종, 왕비는 모란의 위자 품종, 재상은 작약, 선비는 대나무와 매화나무로 조정을 이끌었는데 국화는 응하지 않았다. 왕은 해당화를 별궁에 두고 밤낮을 가리지 않고 향락을 일삼자 대나무가 왕의 그릇됨을 간하였으나 소용이 없었다. 가을바람이 몰아치자 왕과 재상은 죽고, 절개와 지조를 지키지 않은 매화나무는 버림을 받고, 대나무와 국화는 화를 면하였다.

원예 활동으로는 새로운 경치를 만들고, 꽃밭 만들기가 성행하고 식물원 규모의 큰 꽃밭이 있고, 식물 소재의 종이 늘어나고, 다양한 국화 품종이 등장하고, 분화가 성행하고, 분국의 그림자놀이를 하고, 국화 한 포기에서 여러 빛깔의 꽃이 피는 분화를 만들고, 복사나무 한 그루에서 두세 빛깔의 꽃이 피고, 특이한 모양의 복사나무와 매화나무 분화를 만들고, 한겨울에 매화나무 분화와 절지를 촉성하고, 국화꽃을 여름부터 초겨울까지 피우고, 분재를 하고, 소나무 가지로 차광과 건물을 장식하고, 잘린 꽃으로 테이블 장식, 꽃꽂이, 머리 장식, 꽃 선물을 하고, 화훼원예가 발달한다.

조경 소재

정조(1776~1800)는 수원 북문 밖에 소나무를 심어서 새로운 경치를 만들었다. 지금은 노송지대로 불리는데 가로수로 심긴 소나무의 운치가 아름답다. 김홍도의 마상청앵도에는 버드나무가 길가에 심겨 있다. 조귀명(1692~1737)은 경남 함양관아 연못 섬에 자라는 배롱나무 일곱 그루 가운데 가장 큰 배롱나무 둥치에 자신의 호를 새겼다.

꽃밭 소재

김이만(1683~1768)은 연못에 연꽃을 심고, 마당에는 국화, 동백나무, 매화나무, 왜철쭉, 월계화, 흰 진달래를 심었는데, 흰 진달래

한국의 꽃 역사 이야기

는 구름처럼 눈처럼 흰하게 돋보였다. 홍양호(1724~1802)는 금전화, 능소화, 동자꽃, 매화나무, 모란, 목련, 백목련, 벽오동, 불두화, 자목련, 정향나무, 종려, 측백나무, 하늘나리, 향나무, 황매화, 흰 진달래 등을 마당에 심었다. 정조(1776~1800)는 궁궐 안뜰과 바깥마당에 석류나무, 가산에 겹꽃황매, 아그배나무, 왜철쭉, 뒷마당에 잣나무, 측백나무, 향나무, 회화나무 등을 심었다. 정약용(1762~1836)의 젊은 시절 집 마당에는 능수버들, 벽오동, 파초 등이 있었고, 유배지 전남 강진의 다산초당에서는 못을 파서 연꽃을 심었다. 김수장(1690~?)은 복사나무, 남유용(1698~1773)은 능수버들, 경남 양산 통도사(1720 무렵)에는 겹꽃홍매, 정범조(1723~1801)는 배롱나무, 송환기(1728~1807)는 치자나무, 이덕무(1741~1793)는 맨드라미를 마당에 심고, 정동유(1744~1808)의 집 마당에는 임진왜란을 겪은 수령 200년의 반송이 있고, 신윤복의 〈연당여인도〉(1805)에는 별당 앞 연못에 핀 연꽃, 심사정의 목련, 수선화, 장미 그림, 최북(1753)의 〈화충도〉에는 구절초, 춘란, 김홍도(1792)의 제비꽃 그림 등이 있다.

식물원 규모

신경준(1712~1781, 1744)은 순창에 섬이 셋인 연못에 연꽃, 마당에는 관음죽, 나리, 난초, 동백나무, 매화나무, 맨드라미, 명자나무, 모과나무, 모란, 무궁화, 배롱나무, 벽오동, 분죽, 사계화, 산수유나무, 살구나무, 석류나무, 솜대, 아그배나무, 앵두나무, 연꽃, 영산홍, 오동나무, 오죽, 옥잠화, 왕대, 자귀나무, 자목련, 작약, 장미, 조팝나무, 지치, 창포, 철쭉나무, 춘란, 탱자나무, 패랭이꽃, 한란, 해바라기, 해송, 혜란 등을 심었다.

이가환(1722~1779)과 이재위(1745~1826) 부자(1802)는 국화, 금전화, 나리, 나팔꽃, 닭의장풀, 당개나리, 맨드라미, 모란, 무궁화, 배롱나무, 백목련, 백일홍, 봉선화, 비름, 색비름, 솜대, 양귀비, 연꽃, 옥잠화, 원추리, 작약, 장미, 접시꽃, 정향나무, 천일홍, 털동자꽃, 패랭이꽃, 해당화, 해바라기 등을 마당에 심었다. 원추리는 눈으로는 봐도 말로는 듣기 어려운 꽃이라고 하였다. 원추리 이름이 널리 알려져 있지 않았던 것으로 보인다.

유박은 감나무, 구절초, 국화, 금전화, 나팔나리, 난초, 눈향나무, 능금나무, 능소화, 단풍나무, 대나무, 도라지, 동백나무, 동백나무(춘백), 두충, 매화나무, 명자나무, 모란, 목련, 무궁화, 배나무, 배롱나무, 복사나무, 봉선화, 사계화, 사철나무, 산수유나무, 살구나무, 서향나무, 석류나무, 석류나무(겹꽃), 석창포, 소나무, 소철, 수양버들, 아그배나무, 앵두나무, 여지, 연꽃, 오동나무, 오얏(자두)나무, 옥잠화, 왜철쭉(홍), 용담, 월계화, 유자나무, 위성류, 작약, 장미, 접시꽃, 정향나무, 종려, 지치, 진달래, 창포, 철쭉나무, 치자나무, 코스모스, 털동자꽃, 파초, 패랭이꽃, 포도, 해당화, 협죽도, 회양목 등의 아름다운 풀과 나무를 마당에 심고 백화암이라고 하였다. 춘백은 개화 시기가 늦은 동백나무이다. 여기에는 유박의 화목구품에 등장하는 꽃도 포함하였다.

국화 품종

꽃의 크기, 모양, 빛깔, 개화 시기 등이 다른 다양한 품종이 있다. 유박은 국화의 흰빛 32품종, 노란빛 54품종, 붉은빛 41품종, 보랏빛 27품종, 초가을에 피는 조생품종, 가을에 피는 중생품종, 초겨울 눈 속에서도 피는 만생품종 등 154품종, 강이천(1768~1801)은 여름에 피는 하국. 가을에 피는 추국, 초겨울에 피는 동국, 꽃과 키가 크고 작은 대국과 소국 등 48품종을 길렀다. 박지원(1737~1802)이 중국의 꽃가게를 둘러보니 국화 품종은 조선과 비슷하였다. 성해응(1760~1839)은 서양국화 43품종을 길렀다.

서양국화 꽃의 크기는 대부분 중간 크기이다. 소국은 홑꽃으로도 불리었다. 왜일까? 국화꽃은 작은 꽃들이 모인 머리모양꽃차례로 홑꽃과 겹꽃이 따로 없다. 단지 소국은 꽃 중앙부의 작은 설상화가 짧아서 암술과 수술처럼 보이고 가장자리의 작은 설상화는 긴 혓바닥 모양이라 꽃잎처럼 보일 뿐이다. 소국이든 대국이든 똑같은 두상화서이다. 반면, 모란은 교배모본(육종에 있어서 우수한 후대를 육성하기 위하여 교배재료로 쓰이는 양친)의 꽃 모양이나 꽃 빛깔이 단순하고 나무라서 육종 기간이 길고, 붉은 요황과 보랏빛 위자 등 품종이 단순하다. 사람은 희귀성을 추구하는 본성이 있어서 자연에서 발생하는 변이나 변이종인 겹꽃과 흰동백나무, 석류나무, 왜철쭉, 진달래 등만으로는 만족하지 못하고 일부러 교배를 하여서 만든 품종, 곧 재배종을 선호한다.

분화 소재

정국순(1700~1733)은 매화나무, 신경준은 관음죽, 한란, 이용휴(1708~1782)는 개아그배나무, 아그배나무, 돌배나무, 앵두나무, 이헌경(1719~1791)은 기이한 모양의 노매와 노송, 홍양호(1724~1802)는 매화나무, 베고니아, 사계화, 소나무, 산철쭉, 왜철쭉, 유박은 동백나무, 매화나무 분화를 길렀다. 줄기가 구불구불하고 이끼 낀 늙은 고매에는 꽃받침이 푸른 청매가 어울리고, 분화 소재로 맨드라미, 봉선화는 적합하지 않고(이덕무), 정조(1776~1800)는 감귤, 소나무, 사계화, 서향나무, 석창포, 오죽, 연꽃, 석류나무 등의 분화 오륙백 개를 기르고, 성해응은 임금이 잠을 자는 전각 앞뜰에 석류나무 분화를 여덟 줄로 늘여 놓고 석류진이라 하였다. 정선의 분란 그림, 강세황(1713~1791)의 〈난죽도〉(1790)에는 대나무와 춘란 분화가 보인다. 화분은 토분을 주로 사용하나 자기 화분, 청동 화분 등도 사용하였다(유박). 홍대용(1731~1783)이 정월에 북경의 온실에서 보니 위에는 밝은 창이 있고 바닥에는 온돌이 있어서 완연한 봄 날씨였고, 분화는 모란, 매화나무, 석류나무, 수선화, 월계화, 작약, 해당화 등으로 조선과 비슷하였다.

그림자놀이

이학규(1770~1835)는 한밤에 방 안에서 촛불이나 등잔불에 비치는 분국의 꽃 그림자가 수묵화처럼 아름답다며 매일 벽 청소를 하고 분국의 그림자를 즐겨 감상하며 책을 읽었다. 분국의 그림자를 누워서 즐기는 놀이 와유(臥遊)도 하였다. 분국이 풍류 소재로 쓰였다.

이색, 삼색, 사색, 오색국화

조현명(1690~1752)은 국화의 만생품종인 흰빛과 노란빛 학령이 한 포기에서 피는 이색국화 분화를 선물로 받고, 유박은 흰빛, 노란빛, 붉은빛 학령이 같이 피는 삼색국화, 강이천은 네 빛깔이 꽃이 같이 피는 사색국화와 오색국화를 만들고, 이재(1680~1746)는 벗의 집에서 다섯 빛깔의 꽃이 같이 피는 오색국화, 남공철(1760~1840)도 벗의 집에서 오색국화를 보았다. 중양절에는 장원서에서 삼색국화와 오색국화를 왕에게 바쳤다. 특이한 이색, 삼색, 사색, 오색국화는 접붙이기로 만들었다.

이색도, 삼색도

한 그루에서 두세 빛깔의 꽃이 피는 복사나무이다. 김수장은 이색도와 삼색도를 만들었다. 이색도와 삼색도 또한 접붙이기로 만들고 인기는 삼색도가 높았다.

분화 모양

김수장은 복사나무, 매화나무, 버드나무 대목에 복사나무를 접붙여서 희귀한 모양의 복사나무 분화를 만들었다. 정국순은 산에서 찾은 복사나무와 살구나무 고목의 밑동을 벤 그루터기에 매화나무를 접붙여서 특이한 모양의 분매를 만들었다.

분매와 절지 촉성

정국순은 분매의 꽃을 동지 전에 피우는 촉성을 하고, 매화나무 절지의 꽃을 섣달(음력 12월)에 피우는 촉성을 하였다. 분매의 촉성 시기를 앞당기고 절지를 촉성한 첫 기록이다. 절지의 촉성은 잘린 가지를 물이 담긴 항아리나 용기에 꽂아서 따뜻한 온돌방이나 온돌 움집에 두었을 것이다.

국화 개화기 확대

강이천은 하국, 추국의 조생, 중생, 만생의 동국 품종으로 초여름부터 초겨울까지 국화꽃을 피우고, 소국과 대국 품종으로 키와 꽃이 작고 큰 국화를 길렀다. 보는 사람들은 품종이 있는지를 모르고 기술이 뛰어나서 여름부터 초겨울까지 국화꽃을 피우고, 크고 작은 국화를 만든다고 여겼다. 매화나무, 서향나무, 석류나무의 개화기 확대는 재배 기술로 가능한 반면, 국화는 품종이 있어서 가능하였다. 꽃의 촉성과 억제는 기술과 품종을 병용함으로써 사철 꽃이 피는 연중 개화 시대가 열리기 시작하였다.

분재

노송, 대나무, 매화나무는 분재의 세 벗이라고 할 만큼 널리 알려졌다. 강세황의 〈송석도〉(1790)에는 낮은 화분에 돌과 함께 소나무가 심겨 있고, 임희지(1765~?)의 〈난죽석도〉에는 돌과 함께 춘란과 대나무가 심겨 있다.

건물 장식

김홍도의 소나무 가지를 엮어서 처마 끝에 댄 송첨(松簷, 소나무의 가지로 인 처마) 그림이 있다. 송첨은 빛을 가림과 동시에 건물을 장식하였던 것으로 보인다.

테이블 장식

『경도잡지』(1776~1800)에는 민간에서 전통 혼례가 있을 때에는 대나무와 소나무 가지를 꽂은 큰 백자 꽃병을 대례상 위에 두었다. 테이블 장식용 꽃 소재는 지역이나 계절에 따라서 국화, 대나무, 동백나무, 사철나무, 소나무 등을 썼는데 궁궐의 의례 의식 때와 비슷하였다.

꽃꽂이

이인상(1710~1760)의 〈병국도〉에는 꽃병에 국화가 꽂혀 있고,

김홍도의 〈백의관음도〉에는 꽃이 꽂힌 큰 꽃병을 들고 가는 사람이 있고, 심사정(1764)의 〈선유도〉에는 탁자 위의 꽃병에 홍매화한 가지가 꽂혀 있고, 정조(1797)의 『오륜행실도』에는 세로로 긴원통 모양 꽃병에 꽃을 꽂아 놓고 무언가를 기원하는 사람이 있다.

머리 장식

신윤복(1758~1813)의 〈미인도〉에는 머리에 꽃가지를 꽂은 한 여인이 있다.

꽃 선물

이익은 길 떠나는 이에게 버들가지를 꺾어서 선물하는 것은 상례라고 하였다. 이삼환(1729~1813)은 연인에게 드리려고 버들가지를 꺾었다.

번식

식물은 종에 따라서 번식 방법이 다르나 한해살이풀과 두해살이풀은 씨앗으로 번식을 하고, 여러해살이풀과 나무 종류는 휘묻이, 포기나누기, 꺾꽂이, 접붙이기 등의 영양번식을 주로 한다. 야생종의 큰 나무들은 영양번식과 씨앗번식을 병행하였다.

화훼원예

열매 달린 살구나무, 석류나무, 수선화, 진달래와 겨울 추위에 약한 감귤, 대나무, 동백나무, 배롱나무, 왜철쭉, 유자나무, 종려, 치자나무 분화 등은 인기상품이었다. 석류나무는 열매를 맺는 홑꽃이 겹꽃보다 인기였고, 수선화 분화는 값이 비싸서 보통 사람들은 키울 엄두를 내지 못하였고, 왜철쭉 분화는 평양에서 작은 집한 채 값이었고, 줄기가 구불구불한 노송과 노매 분화도 비싸게 거래되었다(이헌경). 특히 내한성이 약한 분화는 따뜻한 남부 지방에서 생산하여 서울에서 판매를 하였는데 주문과 운반 비용이 비싸서 부르는 게 값으로 동백나무와 치자나무는 최고가 환전식물이었다(이옥 1760~1815). 강이천은 이색국화, 삼색국화, 사색국화, 오색국화를 팔아서 생계를 꾸렸다. 분화가 환전식물로 각광을 받고 화훼원예 소재로 자리매김이 되자, 남부 지방에서 분화를 생산하여 배나 등짐, 수레로 소비가 많은 서울로 운반하여 서울에서 판매를 하는 수송원예가 발달한다. 수송원예는 근교원예의 상대적인 개념으로 적재적소에서 생산하고 판매를 하는 합리적인 생산유통 시스템이다. 꽃은 취미로 즐기는 생활원예의 소재일 뿐 아니라, 돈벌이를 목적으로 하는 화훼원예의 소재가 되었다. 상호보완적인 역할을 하면서 함께 발전하기 시작한다.

19세기의 꽃

비원예 활동으로는 살구나무 아래서 정을 나누고, 꽃 감상을 하고, 겹꽃동백나무가 반출되고, 죽순대와 튤립이 도입되고, 오얏꽃이 대한제국의 황실화로 쓰였다.

시골마을 주막집 앞에는 살구나무가 있어서 살구꽃이 피면 사람들은 주막에서 붉게 핀 살구꽃의 운치를 즐기며 술잔을 기우리며 훈훈한 정을 나누었다. 정약용(1819)은 서울 서지의 연못에서 연꽃 감상을 즐기고, 신위(1769~1845)는 중양절에 벗들과 국화꽃을 감상하고 국화주를 마시고, 〈청금상련도〉에는 거문고를 뜯으며 연꽃 감상을 하고, 〈채련도〉에는 배를 타고 연꽃 열매 이른바 연밥을 따고, 김수철(?~?, 19세기)의 〈강산매림도〉와 조석진(1853~1920)의 〈매림유거도〉가 있고, 겨울에 매화꽃을 찾는 허유(1809~1892)의 〈탐매도〉와 〈심매도〉가 있다. 겹꽃동백나무가 프랑스로 반출되고(1794~1810), 분화용 죽순대(1898) 등이 도입되고. 고종(1888)은 프랑스 대통령으로부터 백자 채색 꽃병을 선물로 받고 보석이 달린 인공 꽃나무 분화 한 쌍을 답례로 보내고, 국호를 대한제국(1897)으로 바꾸고 오얏꽃을 황실화로 쓰고 오얏꽃 무늬는 황실을 상징하는 문장으로 썼다.

원예 활동으로는 가로수를 심고, 꽃밭 만들기가 성행하고, 식물원 규모의 큰 꽃밭이 있고, 국화와 수국 품종이 등장하고, 분화가 성행하고, 옹기와 수조에서 연꽃을 기르고, 분재를 하고, 분화의 그림자놀이를 하고, 접목과 전정으로 분매 모양을 바꾸고, 한 그루에서 세 빛깔의 꽃이 피는 매화나무를 만들고, 흰 분매의 꽃 빛깔을 바꾸고, 꽃꽂이, 머리와 공간 장식, 테이블 장식을 하고, 절화 품질을 유지하고, 잘린 꽃을 활용하는 풍속이 있고, 분화중심의 화훼원예가 발달한다.

가로수

흰 매화나무와 무궁화 꽃이 길가에 피어 있는 유숙(1827~1873)의 그림이 있다. 가로수는 누군가 심었을 것이다.

꽃밭 소재

홍경모(1774~1851)는 겹꽃황매, 금전화, 능소화, 동자꽃, 매화나무, 모란, 배롱나무, 백목련, 벽오동, 자목련, 정향나무, 측백나무, 하늘나리, 향나무, 흰 진달래 등을 마당에 심어서 꽃밭 소재로 쓰고, 정약용은 유배지인 다산초당(1809)의 마당에 못을 파서 연꽃을 심고 주변에 모란과 작약을 심고 울타리로 대나무와 버드나무를 심고, 김정희(1786~1856)는 제주 유배지 집 주변에 귤나무가 많아서 집 이름을 귤로 둘러싸인 집, 귤중옥이라 하고, 제주 사람들은 작은 땅만 있어도 수선화를 심고, 한 해가 저물어야 소나무와 잣나무가 푸르다는 것을 안다고 하였다. 남병철(1817~1863)은 감국, 구절초, 산국으로 보이는 산국화 세 종을 집 안에 들여놓고 새 식구라고 하고, 경남 밀양 표충사(1820 무렵)에서 흰 매화나무를 마당에 심었다. 민태훈(1855)은 맨드라미, 벽오동, 살구나무, 아그배나무, 장미 등을 마당에 심고, 이명구(1842~1895)는 밀양에서 감나무, 금송, 매화나무, 복사나무, 살구나무, 삼나무, 자두나무, 측백나무, 편백나무, 향나무, 회양목을 삼은정 마당에 심고, 고종(1870)은 임진왜란 때 피해를 입은 경복궁을 복구하면서 향원지에 홍련, 수련, 가산에 겹꽃황매, 서어나무, 아그배나무, 왜철쭉, 해당화를 심고, 이유원(1814~1888, 1871)은 대나무, 봉선화, 사계화를 마당에 심고, 황현(1855~1910)은 백일홍과 매화나무를 마당에 심고 매화꽃은 천번을 보아도 좋다면서 자신의 호를 매천이라 하였다. 김정희의 국화, 대나무, 매화나무, 춘란, 정학교(1832~1914)의 수선화, 조희룡(1789~1866), 남계우(1811~1888), 이하응(1820~1898)의 춘란, 남계우의 등나무, 제비꽃 그림이 있다.

식물원 규모

정약용(1816)은 국화, 난초, 대나무, 동백나무, 등나무, 매화나무, 배롱나무, 벽오동, 복사나무, 부용, 살구나무, 석류나무, 수국, 수선화, 연꽃, 옥매, 월계수, 작약, 전나무, 차나무, 편백나무, 해당화 등 58종을 마당에 심고 오이밭가에는 무궁화로 울타리를 만들었다.

옥매는 자태가 속되어서 흰 매화꽃만 못하다고 하였다.

서유구(1764~1845, 1827)는 과꽃, 국화, 금잔화, 난초, 눈향나무, 당아욱, 대나무, 동백나무, 동자꽃, 매화나무, 맨드라미, 모란, 목향, 무궁화, 박태기나무, 배롱나무, 범부채, 베고니아, 벽오동, 복사나무, 봉선화, 부용, 사계화, 서향나무, 석류나무, 석창포, 소나무, 수국, 수선화, 아그배나무, 양귀비, 여주, 연꽃, 오동나무, 옥매, 옥잠화, 왜철쭉, 원추리, 월계화, 작약, 장미, 접시꽃, 정향나무, 종려, 진달래, 철쭉나무, 치자나무, 털동자꽃, 파초, 패랭이꽃, 하늘나리, 한련화, 해당화, 해바라기, 호랑가시나무 등을 마당에 심었다.

품종

정약용은 국화의 만생품종, 대국, 소국, 노랏빛, 보랏빛, 흰빛 등 50여 품종, 서유구는 국화의 만생품종, 노란빛, 붉은빛, 흰빛, 중국, 대국 등 163 품종, 김정희는 중국에서 도입한 양국 백 수십 품종을 길렀다. 김윤식(1835~1922)은 수국의 붉은빛, 흰빛, 보랏빛 품종을 길렀다.

분화 소재

김조순(1765~1832, 1812)은 삼청동 옥호정 마당에서 석류나무와 소나무 분화, 정약용은 국화, 난초, 금잔화, 대나무, 동백나무, 매화나무, 석류나무, 수국, 수선화, 차나무, 치자나무, 파초 분화, 서유구는 난초, 매화나무, 베고니아, 수선화, 죽순대 분화를 기르고, 수선화 분화를 책상 위에 두고 감상을 하고 분매의 고풍스러운 운치를 즐겼다. 홍경모는 매화나무, 목련, 반송, 베고니아, 불두화, 사계화, 산철쭉, 석류나무, 왜철쭉, 소나무, 종려 분화, 조희룡과 이하응 (1820~1898)은 춘란, 이명구는 소나무, 김윤식은 수국 분화를 기르고, 궁궐의 승정원과 홍문관 뜰에 있는 석창포 분화를 다른 곳으로 옮기면 바로 말랐는데 홍문관에 갖다 놓으면 다시 잘 자랐다고 하였다.

연꽃 분화

박윤묵(1771~1849)은 마당에 물이 담긴 큰 옹기를 묻고 연꽃, 부들, 마름, 개구리밥, 줄, 말 등의 수생식물을 심고 작은 물고기도 같이 길렀다. 이 밖에 김수철과 안중식(1861~1919)의 그림에는 물이 긴 네모난 수조에서 홍련이 자라고, 장승업(1843~1897)의 〈연화수조도〉에는 큰 수조에서 연꽃이 자라고 있다.

분재

김응원(1855~1921)의 〈석란도〉에는 화분에서 돌과 함께 춘란을 길렀다.

그림자놀이

신위(1769~1847)는 색비름, 석류나무 분화, 박윤묵은 한밤에 방 안에서 촛불이나 등잔불에 비치는 분국 꽃 그림자는 수묵화처럼 아름답다며 매일 벽 청소를 하고 분국의 그림자를 감상하였다.

노매

서유구는 줄기가 구불구불하고 키 작은 매화나무, 복사나무, 사철나무, 살구나무, 자두나무 둥치에 매화나무 접을 붙여서 구불구불하고 고풍스러운 노매를 만들었다. 접목불친화성이 있어서 대목과 접수의 종이 다르면 줄기가 잘 붙지 않으므로 접붙이기는 보통 실패를 하는데 해석이 어렵다. 한편으로는 분매를 전정하여서 거북, 용, 학, 살구 씨앗, 세봉오리, 둥근 모양 등으로 수형을 바꾸었다.

삼색 매화

이헌경(1851~?)은 매화나무 한 그루에서 붉은빛, 분홍빛, 흰빛 꽃이 한꺼번에 피는 특이한 삼색 매화를 접붙이기로 만들었다.

변색 매화

이헌경은 흰 꽃에 먹물을 뿌린 듯이 보이는 검은 반점의 쇄묵매, 검은 묵매, 진한 붉은빛 진홍매를 멀구슬나무나 사철나무 대목에 매화나무를 접붙여서 만들었다. 이규경(1788~1856)은 매화나무의 꽃 빛깔을 바꾼 변색 매화를 비판하였다. 이로 봐서 변색 매화는 이전에도 있었던 것 같다.

꽃꽂이

순조(1800~1834), 이규경, 조재삼(1808~1866)은 버들가지를 물
병에 꽂아서 지붕 위에 두고 기우제를 지냈다. 이 밖에 조희룡
(1789~1866)의 〈매화서옥도〉에는 글방 주변에 매화꽃이 피어 있고
글방 탁자 위에는 홍매화 절지가 꽃병에 꽂혀 있고, 김수철의 〈연
화삽병도〉에는 연꽃이 꽃병에 꽂혀 있고, 장승업의 〈기명절지도〉
에는 연꽃 등이 꽃병과 수반에 꽂혀 있다. 꽃병 모양은 목이 가는
호리병, 둥근 항아리, 세로로 긴 둥근 항아리, 세로로 긴 직사각형
과 사각형, 포도 무늬 백자 항아리 등이 있고, 꽃병과 수반을 올려
놓는 받침대가 있었다. 호리병 모양의 꽃병에는 주로 소나무, 대나
무, 매화나무 가지 하나를 꽂았다.

머리와 공간 장식

단오에는 창포 뿌리와 잎으로 비녀를 만들어 머리에 꽂고 다니
고, 아이를 출산하면 대나무 잎을 새끼줄에 꽂아서 마당에 빨랫줄
처럼 널어 두었다(홍석모 1781~1853, 1849).

테이블 장식

조대비의 회갑 잔치(1870) 때에는 음식상 위에 수반과 꽃병에 연
꽃절화 등을 꽂은 꽃꽂이 작품과 분화를 두고, 음식상 양옆에 복
사나무 등의 붉은 꽃가지를 건화로 세워 두었다. 궁궐에서 회갑연,

한국의 꽃 역사 이야기

결혼식, 돌잔치 등의 축하연이 있으면 월계화 등으로 연회장 공간을 장식하고(1902), 음식상 위에는 작은 꽃병에 꽃을 꽂아 두고, 음식상 양옆에는 큰 백자나 청동 꽃병에 꽃을 꽂은 병화와 분화를 두었다. 테이블 위나 옆을 장식하는 꽃, 상화 소재로 봄에는 동백나무, 매화나무, 모란, 복사나무, 봄여름에는 해당화, 여름에는 연꽃, 가을에는 국화, 오색국화 등, 겨울에는 동백나무, 대나무, 섣달에 피운 매화나무 납매, 사철나무, 소나무 등을 쓰고, 생화가 부족하면 조화를 썼다(1920).

절화 품질 유지

연한 나뭇가지는 손으로 꺾고 단단한 가지는 가위로 잘라서 절단 부위를 매끈하게 하고, 꽃꽂이 작품 주변은 향이나 연기를 없애서 늘 깨끗하게 하고, 잎의 먼지는 하루걸러 한 번씩 깨끗한 물로 씻어 주고, 겨울에는 가벼운 천으로 꽃을 감싸 주었다(서유구). 절화나 절지의 절단면을 넓히면 물의 흡수가 촉진되고, 매끈하게 자르면 미생물의 발생이 억제되고, 향이나 연기에는 식물의 노화호르몬인 에틸렌이 있어서 절화 수명을 단축하기도 하고, 종에 따라서는 치명적일 수 있고, 깨끗한 물로 씻어서 절화의 호흡을 원활하게 하고, 추울 때에는 천으로 절화를 보온하였다. 당시로서는 꽃꽂이 작품의 신선도를 유지하여 꽃의 감상 기간을 늘리고 관상 가치를 높이는 최선의 방법이었다. 절화 품질을 유지하는 기본 원리를 터득하고 있었다.

풍속

감꽃, 동백꽃, 진달래꽃을 실로 꿰어서 꽃목걸이를 만들고, 분꽃으로 귀걸이를 만들고, 진달래꽃으로는 화관을 만들고, 국화꽃을 눌려서 만든 누름 꽃을 방문 창호지에 붙이고 아침 햇살에 비치는 누름 꽃의 아름다움을 감상하였다.

화훼원예

정약용은 동백나무와 치자나무 분화는 최고의 인기 상품인데 특히 치자나무 열매는 노란빛 염색 소재로 쓸 수 있어서 이상적인 환전식물이고, 가평의 한 농가에서는 국화 한 이랑이면 가난한 선비 몇 달 양식이 된다고 하였다. 서울 번화가의 국화 상인들 사이에는 초겨울에 꽃이 피는 만생품종인 흰빛 백학령, 보랏빛 자학령, 노란빛 황학령의 인기가 최고였다(신위 1827). 분화를 중심으로 하는 화훼원예가 발달하고 다양한 국화 품종이 시중에 등장하여 인기를 끌고 있다.

한국의 꽃 역사 이야기

20세기의 꽃

학교와 창경원에는 유리 온실(1909)을 지어서 겨울 추위에 약한 열대와 아열대성식물을 온실 바닥이나 화분에 심어서 교육용으로 쓰고 구경거리로 삼았다. 난초와 아잘레아(서양철쭉) 등의 분화도 유리 온실에서 길렀을 것으로 보인다.

일제강점기의 꽃

국권이 강탈되는 1910년부터 해방이 되는 1945년까지이다.

비원에 활동으로 꽃의 선호도는 개인의 취향에 따라서 다르고, 유명한 꽃놀이 장소가 있고, 국화 분화를 감상하고, 꽈리, 튤립 등 10여 종의 재배종이 도입되었다.

꽃의 선호도에는 꽃 모양이나 빛깔, 생장 습성, 운치 등이 영향을 미치나 일반적으로 홑꽃보다 겹꽃, 흰 꽃보다 화려한 꽃을 좋아한다. 종에 따라서는 홑꽃이나 흰 꽃을 좋아하는 등 개인의 취향에 따라 좌우된다. 야생종인 패랭이꽃은 홑꽃이지만 재배종인 겹꽃카네이션보다 상큼한 멋이 있고, 흰 매화꽃은 모란의 진하고 화려한 꽃보다 맑고 고우며, 흰 목련과 흰 옥잠화는 보랏빛 자목련과 보랏빛 옥잠화보다 아름답고(문일평 1888~1939), 흰 모란과 흰 장미는 붉은 꽃보다 아름답고, 자두와 복사꽃은 요염하여 사람의 본성을 어지럽히고 욕망을 자극한다(권덕규 1891~1950). 김은호

(1892~1979)의 그림에는 흰 장미를 들고 가거나, 흰 장미나 흰 국화가 담긴 꽃바구니를 들고 가는 여인이 있고, 등나무 계단을 오르는 여인의 옆에 흰 무궁화가 피어 있고, 머리에 꽃을 꽂은 여인이 달밤에 흰 매화나무 아래에 서 있다. 흰 꽃을 좋아하는 풍조가 있었던 것 같다.

이름난 꽃놀이 장소로는 서울 숭례문 밖 이태원과 혜화문 밖 성북동의 복사나무, 자두나무, 인천 옹진군 덕적도의 진달래, 산철쭉, 해당화, 경북 의성 비봉산 대곡사 부근의 진달래, 경주 월지(안압지)의 갈대, 마름, 동해안 모래사장의 소나무 숲과 해당화가 있다. 국화, 꽈리, 나팔나리, 무화과, 복사나무(1906), 배나무, 사과나무, 수선화, 심비디움(1920), 자두나무, 장미, 카네이션, 튤립 등의 원예용이 도입(1920~1930)되었다. 대구의 국화 시를 짓는 모임에서는 국화 분화를 감상하며 시를 지었다(1935).

원예 활동으로는 꽃밭 만들기가 계속되고, 분화 소재는 난초 일색이고, 심비디움의 신품종을 만들고, 장미를 꽃꽂이 소재로 썼다.

꽃밭 소재

남궁억(1863~1939, 1933)은 무궁화 심기 운동을 하고 무궁화동산을 조성하고, 의친왕 이강(1877~1955)이 마지막 35년간 별궁으로 사용한 서울 성북구 성락원 앞마당에는 작은 냇물이 흐르고, 안마당에는 폭포, 연못에는 연꽃, 가산 주변에는 느티나무, 다래, 단풍나무, 말채나무, 상수리나무, 소나무 등의 큰 나무들이 숲을 이루고, 뒷마당과 바깥마당도 있다. 성락원은 우리나라 3대 정원의 하나라고 한다. 문일평(1934)은 금전화, 도라지, 목련, 백일홍, 수선화, 옥잠화, 패랭이꽃 등을 심고, 백일홍은 어느 집 마당에서도 쉽게 볼 수 있을 만큼 널리 퍼졌다고 하였다.

분화 소재

이병기(1891~1968)는 우리의 자생란인 석곡, 춘란, 풍란, 한란을 비롯하여, 중국 원산의 심비디움속인 건란, 춘란(일경구화), 한란(대만한란, 백화한란), 혜란(대만보세, 소란) 등 수많은 난초 분화를 길렀다. 사람들은 난초 분화가 많은 이병기의 집을 난초 병원이라 하였다. 장우성(1912~2005)은 향이 강하고 꽃대 하나에서 흰 꽃 여러 송이가 피는 풍란 분화를 길렀다. 분화 소재는 우리의 자생 난초와 중국 원산의 동양란이 거의 전부였다.

난초 육종

영친왕(1897~1970, 1938)은 양란으로 불린 심비디움 분화를 기르면서 심비디움을 교잡하여 창방과 창경 품종을 만들어서 영국난초협회에 등록을 하였다. 심비디움의 새로운 품종을 만들려면 교배모본의 선발, 교배기술, 파종기술, 우수 개체의 선발, 선발 개체와 똑같은 개체를 많이 만드는 번식과 육묘 기술 등이 필요하다. 영친왕은 난초 육종에 필요한 모든 이론과 기술을 갖춘 우리나라 첫 꽃 육종전문가였다.

꽃꽂이

안중식(1861~1919)이 그린 〈한일통상조약 기념 연회도〉에 장미가 꽃병에 꽂혀 있고, 이한복(1897~1940)의 〈기명절지도〉에는 흰 장미가 꽃병에 꽂혀 있다.

화훼원예

신식 결혼식, 입학식, 졸업식, 각종 연회 등이 많아지면서 꽃 소비가 늘어났다. 예식장 안팎에는 꽃꽂이, 리스, 화환, 분화로 공간을 장식하고, 신랑 신부의 몸과 의상 장식용인 부케와 부토니아, 화관과 입학식, 졸업식 선물로 쓰는 꽃다발, 꽃바구니 등의 꽃 장식품 수요가 늘어났다. 농가에서는 햇빛이 들어오는 종이 온실(1920)을 지어서 절화와 분화를 생산하고, 꽃가게에서는 절화와 분화, 그리고 절화로 만든 꽃 장식품을 판매하였다(1920). 분화와 절화는 따뜻한 남부 지방에서 생산하고 서울 등 대도시에서 판매를 하는 적재적소의 분업화와 본격적인 화훼원예가 발달한다. 절화 품목은 국화, 나팔나리, 수선화, 장미, 카네이션 등(1930년대) 잡종 식물이 많고, 분화 품목은 주로 나무 종류라 19세기와 크게 다를 바 없어 보인다.

2부 문헌과   관상용

그림으로   풀과 나무

보는

우리나라는 사계절이 분명한 온대기후로 삼면이 바다로 둘러싸여 있다. 바다에는 크고 작은 섬이 많고, 내륙에는 높고 낮은 산과 언덕, 넓은 들, 강과 개울, 호수와 연못, 습지 등이 있어서 4천 종이 넘는 아름다운 풀과 나무가 자라고 있다. 꽃이 피는 꽃식물과 꽃이 피지 않는 민꽃식물, 뭍에서 자라는 육상식물과 물속이나 물 위, 물가에서 자라는 수생식물, 우리의 자생식물과 외래식물, 꽃을 관상하는 관화식물, 잎을 관상하는 관엽식물, 열매를 관상하는 관실식물 등 다양한 식물이 자라고 있다. 뿐만 아니라 원예 활동의 식물 소재로는 들과 산에서 자라는 야생종과 야생종을 개량한 재배종이 있고, 사람이 종간교잡으로 만든, 원래 자연에 없었던 잡종식물도 있다

2부에서는 문자로 꽃 이름이 등장하는 서기전 1세기부터 해방 전까지 원예 활동에 쓰인 식물 소재를 정리하였다. 문헌에 등장한 식물들은 역사가 긴 만큼 종류도 많고 생장 습성도 제각각이나, 실

용성을 고려하여 원예학에서 적용하는 일곱 그룹으로 나누었다. 먼저, 바로 서서 자라는 직립성의 풀과 나무를 여섯 그룹으로 나누었다. 풀은 부드럽고 하늘거리고 키가 작고 수명이 짧다. 나무는 키가 크고 수명이 길다. 식물을 딱딱하게 하는 리그닌이 나무에 많고 풀에는 거의 없기 때문이다. 풀 종류는 한해살이, 두해살이, 여러해살이의 세 그룹으로, 나무 종류는 작은 키, 중간 키, 큰 키의 세 그룹으로 나누었다. 그리고 식물 스스로가 바로 서지 못해서 주변의 사물에 의존해서 자라는 풀과 나무는 덩굴식물로 구분을 하였다.

종 이름은 한글로 쓰고 경우에 따라서는 한자말이나 영어를 병기했다. 종 이름과 관련된 특별한 이야기가 있으면 소개했으며, 식물의 별칭과 꽃말도 소개했다. 외래종은 원산지를 소개하고, 물속이나 물 위, 물가에서 자라는 풀과 나무는 수생식물로 표기했다. 나무 종류는 잎이 한꺼번에 떨어지는 낙엽수와 사철 푸른 상록수로 표기하는 등, 각 종의 일반적인 특징을 간략하게 소개하고, 언제 어떤 종이 어떻게 쓰였는지를 기술했다. 그리고 꽃밭 만들기, 분화 기르기, 잘린 꽃을 활용한 공간과 의상 장식, 꽃꽂이, 꽃 선물, 꽃 공양 등을 중심으로 하는 선조들의 원예 활동과 이에 필요한 원예 기술을 소개하였다. 활용 빈도가 낮은 종들은 각 그룹의 마지막에 따로 모았다.

한해살이풀

한해살이풀은 씨앗에서 싹이 터서 그해에 꽃이 피고 열매를 맺고 죽는다. 일년초(一年草)라고도 한다.

금전화

꽃 모양이 동전 같다 하여 금전화(金錢花), 낮에만 핀다 하여 자오화(子午花)라고도 하였다. 인도와 미얀마 원산의 벽오동과로 한반도에서는 꽃밭 소재로 쓰였다. 고려 이규보의 시에 등장하는 금전화는 마당에 꽃밭 소재로 심었던 것으로 보인다. 조선 초부터 구한말까지 강희안, 서거정, 유박, 이가환과 이재위 부자(1802), 홍경모, 문일평 등 많은 사람들이 금전화를 마당에 심었는데 강희안과 유박은 금전화를 화목구품의 5품과 9품에 올렸다.

맨드라미

꽃 모양이 닭 벼슬 같다 하여 계관화(鷄冠花), 싸움닭 투계화(鬪鷄花)라고도 하였다. 열대아시아 원산의 비름과로 한반도에서는 꽃밭과 분화, 꽃 공양 소재로 쓰였다.

고려 이규보는 마당에 동산을 만들고 맨드라미를 심었는데 맨드라미는 변소에서도 자랐다. 강희안은 맨드라미를 마당에 심고 화목구품의 9품에 올렸다. 홍만선과 민태훈(1855)도 맨드라미를 마당에 심고, 신사임당, 정선, 장승업 등의 그림에도 맨드라미가 등장한다.

성현(1439~1504)은 맨드라미를 화분에 심어서 분화로 길렀는데 이덕무는 분화 소재로 적합하지 않다고 하고, 이후 맨드라미 분화는 보이지 않는다. 고려 때(1308)에는 맨드라미를 꽃 공양 소재로 썼다. 맨드라미는 가을(음력 9월)에 씨앗을 받아서 마당이나 화분에 뿌리면 이듬해 봄에 싹이 나고 여름에 꽃이 핀다(박세당, 1676). 이덕무는 청명(양력 4월 5~6일)에 맨드라미 씨앗을 마당이나 화분에 뿌리고 맨드라미가 넘어지지 않게 대나무 가지 등으로 받침대를 세웠다.

꽃말은 승승장구, 부귀공명이다.

백일홍

　붉은 꽃이 백일 동안 핀다 하여 백일홍(百日紅) , 긴 줄기에 붉은
꽃이 핀다 하여 일장홍(一丈紅)이라고 하였다(조경 1541~1609, 김수
증 1624~1701). 멕시코 원산의 국화과로 한반도에서는 강희안이 처
음으로 백일홍을 마당에 심어서 꽃밭 소재로 썼다. 이전까지는 야
생종이었으나 1757년 이후에는 원예용으로 개량된 재배종이 등장
한다. 재배종은 키가 크고 작은 고성종, 중성종, 왜성종, 꽃이 크고
작은 대륜종, 중륜종, 소륜종, 꽃 빛깔은 붉은빛, 자줏빛, 노란빛,
흰빛 등 다양한 품종이 있다. 유박, 이가환과 이재위(1802), 황현 등
도 마당에 백일홍을 심었는데 구한말에는 어느 집 마당에서도 쉽
게 볼 수 있을 만큼 백일홍이 널리 퍼졌다(문일평). 성현은 백일홍
을 분화로 길렀으나 이후 백일홍 분화는 보이지 않는다.
　꽃말은 애처로움이다.

봉선화

　봉선화(鳳仙花)는 꽃 모양이 봉황새를 닮았다 하여 봉숭아,
금봉화(金鳳花), 봉상화(이규보)라고 하고, 흰 꽃은 백봉선이라
고 하였다. 인도와 동남아시아 원산의 봉선화과로 고려 충숙왕

(1313~1339)이 원나라에서 봉선화 씨앗을 가지고와서 궁궐 마당에 심어서 꽃밭 소재로 썼다. 지금은 키가 크고 작은 고성종과 왜성종, 홑꽃과 겹꽃, 꽃 빛깔이 다른 분홍빛, 붉은빛, 흰빛 등 다양한 품종이 있다. 강희안은 봉선화를 마당에 심고 화목구품의 9품에 올렸다. 연산군은 민가에서 봉선화를 강제로 조달받아서 궁궐 마당에 심고, 이수광, 홍만선, 유박, 서유구, 이유원, 김형준(1885~?) 등도 봉선화를 마당에 심었다. 유박은 봉선화를 화목구품의 8품에 올렸다. 조선 후기에는 봉선화를 민가 안마당의 우물가나 울타리 밑, 장독대 옆 등에 심었다. 신사임당, 심사정, 강세황의 봉선화 그림이 있다. 이덕무(1741~1783)는 봉선화를 분화용으로 적합하지 않다고 하였는데 이후 봉선화 분화는 보이지 않는다. 풍속으로 봉선화 꽃잎을 백반에 이겨서 손톱에 붉은 물을 들였다(홍석모).

꽃말은 손톱 끝에 물든 사랑, 성급한 사람, 신경질, 나를 건드리지 마세요, 당신에게 나의 재산을 바친다.

색비름

안래홍(雁來紅), 노소년(老少年)이라고 하였다. 인도와 동남아시아 원산의 비름과로 강희안이 마당에 색(色)비름을 심어서 꽃밭 소재로 쓰고, 이가환과 이재위 부자(1802)도 집 마당에 색비름을 심었다. 조선 후기의 신위는 색비름을 화분에 심어서 분화 소재로 썼는데 이후 색비름 분화는 보이지 않는다.

해바라기

꽃이 해를 향해 핀다 하여 향일규(向日葵), 향일규화(向日葵花), 향일화(向日花), 꽃이 노란빛이라 하여 황규(黃葵), 가을에 핀다 하여 추규(秋葵), 규(葵)라고 하였다. 북미 원산의 국화과로 신라 문무왕(671)이 해바라기는 해를 향해서 자란다고 하였다. 궁궐 마당에 해바라기를 심어서 꽃밭 소재로 썼던 것 같다. 고려 인종은 해바라기 씨앗 석 되를 얻는 꿈을 꾸었다. 궁궐 마당에 심어 놓은 해바라기의 씨앗이 많이 달리기를 바랐던 것 같다. 조선시대에는 서유구가 마당에 해바라기를 심은 정도이다.

꽃말은 꽃이 해를 향해서 돈다 하여 일편단심의 충신, 충성, 절개, 지조를 상징하였으나 지금은 기회주의자로 많이 쓰이고 있다.

이 밖에 존재감이 낮은 한해살이풀이다. 과꽃(aster)은 추모란(秋牧丹), 당국, 취국이라 하고, 서유구는 마당에 과꽃을 심어서 꽃밭 소재 식물로 쓰고, 꽃말은 식어 가는 사랑과 가을서리이다.

금잔화(金盞花, calendula, marigold)는 금계국이라고 하고, 정약용의 시에 금잔화가 등장한다.

마름은 능(菱), 능화(菱花), 백빈(白蘋)이라고 하고, 한반도에서 나는 바늘꽃과의 수생식물로 뿌리는 물밑 흙 속에 있고 흰 꽃이 수면 위의 줄기 끝에서 핀다. 이첨(1345~1405)이 오가던 시골길 개울에 마름이 자라고, 조선시대 민가에서 마름을 연못이나 용기의 물재배 소재로 썼다. 꽃말은 귀여움이다.

물봉선이 신사임당의 그림에 등장하고, 미모사가 구한말에 등장하고, 부평초가 조선 전기에 서울 청계천 수표교 아래에서 자랐다.

분(粉)꽃은 씨앗 가루로 화장을 하고 꽃으로는 귀걸이를 만들고 조선 말에는 대부분의 집 마당에서 분꽃이 자랄 만큼 분꽃이 널리 퍼져 있었다.

살비아는 조선 말 그림 소재로 쓰이고, 여뀌는 가야에서 좁다는 뜻의 비유 소재로 쓰이고 신사임당 등의 그림에 등장한다.

잇꽃은 홍화(紅花)라고 하고 이집트 원산의 국화과로 붉은 빛을 내는 천연염색 소재 식물로, 조선시대에는 잇꽃 우린 물로 모란과 연꽃의 꽃 빛깔을 바꾸었다.

쪽은 람(藍), 람화(藍花)라고 하고, 중국 원산의 여뀌(마디풀)과로 푸른빛을 내는 천연염색 소재 식물이다. 쪽 잎 우린 물은 연한 푸른빛이지만 이 물로 염색을 하면 진한 남색이 된다. 삼국시대에 등장하는 청출어람(靑出於藍)의 뜻이다. 강희안은 쪽을 마당에 심어

한국의 꽃 역사 이야기

서 꽃밭 소재로 쓰고, 조선시대에는 흰 연꽃을 쪽 우린 물에서 길러 푸른 연꽃 청련을 만들었다.

채송화는 조선 후기 민가 안마당에 심고, 천일홍(天日紅)은 이가환과 이재위 부자(1802)가 마당에 심고, 코스모스(cosmos)는 유박이 마당에 심고, 페튜니아는 조선 말 그림 소재로 쓰였다. 대부분의 한해살이풀은 꽃밭 소재로 쓰였으나 미모사는 분화 소재로 쓰였다.

두해살이풀

두해살이풀은 씨앗을 뿌리고 나온 싹이 추운 겨울을 지나고 이듬해 봄이 되어야 꽃이 피고 열매를 맺고 죽는다. 두해살이풀은 반드시 겨울의 저온을 받아야 꽃이 피므로 햇수로 두해가 걸린다는 뜻이다. 이년초(二年草)라고도 한다. 이렇게 보면 가을에 씨앗을 뿌리고 봄에 꽃이 피는 추파일년초와 비슷하나, 이 경우는 기온이 선선한 곳이면 겨울을 지나지 않아도 꽃이 핀다.

개양귀비

우미인(虞美人), 우미인초(虞美人草), 꽃 양귀비, 애기아편, 김시습은 봄바람에 하늘거리는 여인처럼 보인다며 여춘화(麗春花)라고 하였다. 유럽 원산의 양귀비과로 강희안이 개양귀비를 마당에 심어서 꽃밭 소재로 썼다.

양귀비

양귀비(楊貴妃)는 앵속(罌粟), 앵속화(罌粟花), 앵속각(罌粟殼), 아편, 아편 꽃이라고 하였다. 그리스 등의 동유럽과 동남아 원산의 양귀비과로 강희안이 양귀비를 마당에 심어서 꽃밭 소재로 쓰고 화목구품의 9품에 올렸다. 서거정, 신사임당, 조정규(1791~?) 등의 그림에 양귀비가 등장한다. 조선시대에는 양귀비가 널리 재배되었으나 지금은 아편 성분이 많아서 재배 금지 품목이다. 양귀비를 재배하려면 반드시 정부의 허가를 받아야 한다.

접시꽃

촉규화(蜀葵花), 규(葵), 규화(葵花), 키가 커서 일장홍(一丈紅), 경기도에서는 어숭이라고 하였다. 중국 원산의 아욱과로 최치원의 시에 접시꽃이 처음 나타나고, 이규보는 접시꽃을 마당에 심어서 꽃밭 소재로 썼다. 강희안, 이우(1469~1519), 홍만선, 유박, 이가환과 이재위 부자(1802) 등 많은 사라들이 마당에 접시꽃을 심고, 강희안과 유박은 접시꽃을 화목구품의 8품과 9품에 올렸다. 신사임당의 접시꽃 그림이 있다.

별칭은 충성스러운 벗이고, 꽃말은 미천함, 승승장구, 충신이다.

여러해살이풀

여러해살이풀은 꽃이 피고 열매를 맺어도 그해에 죽지 않고 해마다 생장과 개화를 반복하여서 다년초(多年草)라고도 한다.

갈대

위(葦), 노(蘆)이다. 벼과로 한반도에서 나는 수생식물이다. 서기전 1세기에 위화(갈대꽃)라는 여인의 이름으로 등장한다. 갈대는 버드나무, 원추리, 소나무와 함께 가장 일찍 등장한다. 고구려 미천왕(300) 때 창조리는 갈댓잎을 관모에 꽂아서 자신의 의사표시를 하였는데 자연스레 관모 장식도 되었을 것이다. 강희안은 꽃밭에 심긴 꽃과 국화 분화가 넘어지지 않게 갈대 줄기를 받침대로 쓰고, 박세당도 마당이나 화분에 심긴 꽃이 넘어지지 않게 갈대 줄기를 받침대로 썼다. 조선시대〈화훼도〉,〈화조도〉,〈초충도〉등 수많은 그림에도 갈대가 등장하나 원예 활동의 부자재로 쓰인 것이 전부이다.

꽃말은 가을, 미녀, 한마음이다.

감국

감국(甘菊)은 노란 꽃이 핀다 하여 황국(黃菊), 황화(黃花), 강성황(江城黃)으로 불리고, 국화, 들국화라고도 하였다. 황국과 황화는 머리모양꽃차례 중심부의 작은 꽃 관상화와 가장자리의 작은 꽃 설상화가 노란빛이라 꽃전체가 노랗게 보여서 부른 이름이다. 감국은 이규경이 처음으로 썼다. 감국은 고려 때부터 많은 사람들이 감국의 특성을 기록하였다. 국화꽃 빛깔은 원래 노란빛(이인로)이고, 쑥과 달리 노란 꽃이 피고(강희안), 황국은 복사꽃과 오얏꽃 못지않게 아름답고(송순 1493~1583), 꽃은 가장 늦게까지 피고 꽃잎이 부드럽고, 줄기는 붉고 덩굴처럼 뻗으며(이황), 붉은 줄기에 노란 꽃이 피고(이안눌, 홍만선), 고려가요 동동에는 황화가 중구일(음력, 9월 9일)에 집 안에서 피었다는 구절이 있다. 고려 의종(1146~1170)은 궁궐 마당에 감국을 심고, 충숙왕은 원나라에서 감국을 가지고 와서 궁궐 마당에 심고, 강희안과 신광한(1484~1555)

도 감국을 마당에 심고, 이안눌과 홍만선은 집 안에 심을 만한 국화는 감국뿐이라고 하였다. 감국은 덩굴성이라 질그릇 화분에 심고 넘어지지 않게 갈대나 해죽 줄기로 받쳐 주었다(박세당, 1676).

국화

국화(菊花)는 감국과 구절초를 교배하여 당나라에서 만든 잡종 식물이다. 자연에 존재하지 않았던 특별한 식물로 오늘날 꽃가게에서 판매하는 국화이다. 이 국화는 일본으로 가고, 고려에는 송나라에서 들어오고, 1789년에는 유럽으로 갔다. 감국과 구절초를 교잡하면 꽃의 빛깔, 모양, 크기, 개화기 등이 어미 개체와 다른 다양한 개체가 나타나고, 이들 가운데 유용한 개체를 선발하여 영양번식으로 개체수를 늘려서 품종이라고 한다. 품종 간에는 성적교류가 일어나므로 송나라에서도 품종간 교배로 다양한 품종을 만들었다.

품종

고려와 조선에는 중국 품종이 대부분이나 일본 품종도 적지 않다. 최우는 국화의 붉은빛, 보랏빛 품종을 마당에 심어서 꽃밭 소재로 쓰고, 충숙왕은 원나라에서 귀국하면서 노란빛, 붉은빛, 주황빛, 흰빛 품종을 선물로 받아왔는데 연경황, 오홍, 학정홍, 금홍, 규심홍, 연경백, 소설오 등의 품종이름이 있고, 신정은 왜황, 박세당은 초가을에 피는 조생품종과 초겨울에 피는 만생품종, 유박은 추국의 조생품종, 중생품종, 만생품종, 흰빛 32, 보랏빛 27, 붉은빛 41, 노란빛 54 품종을 길렀는데 백학령, 홍학령, 황학령, 금원황, 취양비 품종이 최고라고 하고, 박지원(1737~1802)이 중국의 꽃가게에서 국화 품종을 보니 조선과 비슷하였고, 성해응(1760~1839)은 서양국화 43 품종의 특성을 기록한 양국족보를 남겼다. 정약용은 왜백, 왜황의 소국과 백운타의 대국 등 50여 품종을 길렀는데 가평의 한 농가에 가서보니 보랏빛 자학령, 일본품종인 노란빛, 흰빛 대국 등 48 품종이 있었다. 심능숙(1782~1840, 1834)은 일본에서 꽃잎이 길고 향이 짙은 대국의 백운타와 붉은빛 품종을 도입하고, 김정희는 일본에서 들어온 163 품종과 중국에서 도입한 양국 백 수십 품종을 길렀는데 학령품종이 최고라고 하였다.

소국은 감국이나 산국처럼 관상화와 설상화의 구분이 분명하여 홑꽃으로 불리고, 양국과 대국은 관상화와 설상화의 구분이 되지 않아 겹꽃으로 불리었다. 국화 품종은 일반적으로 붉은빛은 청초한 맛이 없고 자줏빛은 천하게 보여서 흰빛과 노란빛을 선호하고, 꽃이 작은 소국의 인기가 높았고, 중국, 대국(19~20세기) 순이었다. 개화기는 초여름에 피는 하국, 추국의 9월에 피는 조생품종, 10월에 피는 중생품종, 11월 눈 속에서 피는 만생품종 동국이 있었다. 서울 번화가의 국화 상인들은 동국 품종 백학령, 자학령, 황학령을 좋아하였다(신위 1827).

꽃밭 소재

이규보와 최우는 국화를 마당에 심어서 꽃밭 소재로 쓰고, 의종(1156)도 궁궐 마당에 국화를 심고 국화꽃을 감상하고, 충숙왕은 원나라에서 선물로 받아온 여러 빛깔의 국화 품종을 궁궐 마당에 심고, 정몽주도 국화를 마당에 심고, 조선시대에는 강희안, 이황, 허목, 박세당, 신정, 이만부, 유박, 성해응, 정약용, 심능숙, 김정희 등 수많은 사람들이 국화를 마당에 심었다. 신정은 꽃이 곱고 향이 그윽한 노란 왜황을 울타리 아래에 심었다. 강희안과 유박은 국화를 화목구품의 1품에 올렸다.

분화 소재

고려의 이규보, 이색, 정몽주는 화분에 심긴 국화인 분국을 즐기고, 연산군은 분국을 강제로 민간에서 조달받고, 신용개(1463~1519)는 대들보에 닿을 만큼 키가 큰 대국 분화 등 많은 분국을 기르고, 하수일(1553~1612), 박윤묵, 이학규(1770~1835)도 분국을 길렀다.

이색, 삼색, 사색, 오색국화

한 포기에서 여러 빛깔의 꽃이 피는 분국을 만들고 선물로 썼다. 강희안은 노란빛과 흰 꽃이 피는 이색국화와 세 빛깔의 꽃이 피는 삼색국화를 만들고, 조현명(1690~1752)은 눈 속에서 피는 황학령과 백학령의 이색국화를 선물로 받고, 조우신(1583~?)은 노란빛, 붉은빛, 흰빛의 삼색국화를 선물로 받았다. 서거정은 흰빛, 자줏빛, 주황빛, 붉은빛의 사색국화를 만들고, 채팽윤(1669~1731)은 강릉 경포대 부근에서 오색국화, 이재(1680~1746)와 남공철(1760~1840)은 벗의 집에서 오색국화를 보았다. 궁궐의 장원서에서는 중양절에 삼색국화와 오색국화를 만들어서 왕에게 바쳤다. 이들 특이한 국화는 접붙이기로 만들므로 그 특성이 다음 세대로 전달되지 않는다. 매번 새로이 만들어야 하는 번거로움이 따르지만 그 희귀성은 유효하다.

꽃꽂이, 누른 꽃, 꽃 선물

이인상(1710~1760)은 국화꽃을 꽃병에 꽂아서 꽃꽂이를 한 〈병국도〉가 있고, 정조(1786)는 규장각 검서관 선발 시험에서 황국에 관한 문제를 내고, 조선시대에는 문짝 창호지에 붙인 누른 국화꽃잎이 아침 햇살에 비치는 누른 꽃의 아름다움을 감상하고, 선물용으로 보이는 꽃바구니에 담긴 흰 국화꽃 그림(김은호 1920년대)이 있고, 국화를 감상하며 시를 짓는 대구시회가 있었다(1935).

재배와 번식

정운희는 국화 줄기를 작은 질그릇 화분에 꺾꽂이하여서 분국의 꽃을 피웠다. 국화는 기름진 땅에서 잘 자란다. 봄에 올라오는 새싹의 포기를 나누거나, 가을에 서리를 두세 차례 맞고 낙엽이 지면 뿌리를 캐서 겨울 동안 움집에서 갈무리를 하고 이듬해 봄에 포기를 나누어서 마당이나 화분에 심었다(박세당, 1676). 박세당은 질그릇 화분에 심은 국화가 넘어지지 않게 갈대나 해죽 줄기로 받쳐 주었다.

분갈이

식물의 부피는 잎줄기와 뿌리 면적이 비슷하다. 분화가 일정 기간 지나면 뿌리의 생장이 억제되고 영양이 부족하여 제대로 자라지 못한다. 이때는 다른 화분으로 옮겨 심어야 하는데 이 작업을 분갈이라고 한다. 분갈이 시기는 뿌리가 화분 밖으로 나오기 직전의 봄이다. 국화는 기름진 흙을 좋아한다.

환전식물

노란빛, 붉은빛, 흰빛의 삼색국화는 시장에서 인기 품목이었고 (오이익 1618~1667), 강이천(1768~1801)은 이색국화, 삼색국화, 사색국화, 오색국화 분화를 팔아서 생계를 꾸렸다. 가평의 한 농가에서는 국화 한 이랑이면 가난한 선비 몇 달간 식량이 된다고 하였다 (정약용). 국화 분화가 돈을 받고 판매를 하는 환전식물이 되었다. 곧 농작물로 화훼원예의 소재가 되었다. 강이천은 꽃 빛깔이 다른 품종, 꽃이 크고 키가 한길이 넘는 대국품종, 키와 꽃이 작은 소국 품종, 개화기가 다른 하국, 추국, 동국품종을 길렀는데 이것을 보는 사람들은 기술이 뛰어나서 국화꽃을 크게도 작게도 만들고 여름부터 겨울까지 국화꽃을 피운다고 여겼다. 서울 번화가의 국화상인들 사이에는 초겨울에 꽃이 피는 만생품종인 흰빛 백학령, 보랏빛 자학령, 노란빛 황학령 분화의 인기가 최고였다(신위, 1827). 꽃가게에서는 국화 절화를 꽃꽂이와 선물용, 꽃다발, 꽃바구니 등의 꽃 장식품을 제작하여 판매용 소재로 썼다(1920~1930).

나리

백합(百合)의 우리말로 백합과의 나리 속을 가리키는 속 이름이다. 한반도에는 10여 종의 나리가 야생한다. 나리는 둥근 비늘줄기(인경)가 있는 알뿌리식물로 은은한 향이 있다. 신경준은 나리를 마당에 심어서 꽃밭 소재로 쓰고, 신사임당과 심사정의 그림에 나리가 등장한다. 구한말에는 나리 꽃가루로 손톱에 물을 들이거나 노란 물로 종이나 천에 나리꽃무늬를 그리기도 하였다. 나리의 종 이름은 알 수 없다.

나팔나리

철포백합(鐵砲百合)이다. 큰 흰 꽃이 나팔처럼 옆을 향해서 핀다 하여 나팔나리라고 한다. 일본 남서쪽과 대만 원산의 백합과로 한반도에서는 절화용 재배식물로 자란다. 유럽과 미국에서 육성한 개량종을 19세기 말부터 재배를 하고 있다. 신명연(1808~1886)의 그림에 나팔나리가 등장하는데 나팔나리를 마당에 심어서 꽃밭 소재로 썼을 것이다.

환전식물

서울의 꽃가게에서는 나팔나리 절화를 꽃꽂이와 꽃 선물, 꽃다발, 꽃바구니 등의 판매용 꽃 장식품 제작 소재로 썼다(1920~1930). 나팔나리는 환전식물로 서울 근교의 농가에서 생산하였을 것으로 보인다.

꽃말은 순결이다.

난초

난초(蘭草)는 난초과를 뭉뚱그린 과 수준의 이름으로 '난'이라고도 한다. 난초과 식물은 세계적으로 730속 2만여 종이 있고, 한반도 남부에도 42속 98종 가량이 자란다. 가야 수로왕(48)은 인도 공주 허황옥 일행이 육지로 올라오자 난초로 만든 음료와 혜로 만든 술을 대접하였다. 이 난초가 어떤 종인지는 알 수 없다. 춘란, 풍란, 한란, 혜란 등을 조선시대에도 난초라고 불렀다. 난초는 포기나누기를 하여서 같은 크기의 새 화분으로 분갈이를 한다.

달리아

달리아(dahlia)는 멕시코 원산으로 국화과의 덩이뿌리(괴근)가 있는 알뿌리식물로 한반도에서는 재배식물로 자란다. 고려 충숙왕과 충혜왕(1339~1344) 때 궁궐 마당에 달리아를 심어서 꽃밭 소재로 쓰고, 조선 후기에는 달리아를 민가 안마당에 심었다. 지금은 개량종을 재배하는데 꽃의 빛깔, 모양, 크기 등이 다른 다양한 품종이 있다.

도라지

경초(梗草), 길경(桔梗)이다. 한반도에서 나는 초롱꽃과로 흰빛과 보랏빛 꽃 한 송이가 꽃대 끝에서 핀다. 흰 꽃 도라지는 백도라지라

고 하였다. 도라지는 고요한 산속에 홀로 서 있는 여승 같고 도라지
꽃의 청초한 야생미는 야생화 가운데 가장 아름답다(문일평). 강희
안은 도라지를 마당에 심어서 꽃밭 소재로 쓰고, 백도라지로 보이
는 백경화(白梗花)는 화목구품의 8품에 올렸다. 신사임당의 그림에
도라지가 있고, 조선 후기에는 도라지를 민가 안마당에 심었다.

꽃말은 청초함이다.

동양란

중국 원산의 난초과 식물로 이병기는 건란, 사란, 소심란, 옥심
란, 춘란(일경구화), 혜란(대만보세, 소란), 대만한란 등의 동양란을 화
분에 심어서 분화 소재로 썼다. 사람들은 난초 분화가 많은 이병기
의 집을 난초 병원이라고 하였다.

동자꽃

전춘라(剪春羅)이다. 한반도에서 나는 석죽과로 강희안이 동자
꽃을 마당에 심어서 꽃밭 소재로 쓰고 화목구품의 5품에 올렸다.
서유구도 동자꽃을 마당에 심었다. 홍경모는 동자꽃을 화분에 심

어서 분화 소재로 썼다.

꽃말은 문을 열어 주는 동자이다.

들국화

산국화, 황국이라고도 하였다. 들국화는 우리의 자생종인 감국, 구절초, 산국 등을 뭉뚱그린 이름이다. 들국화는 추위에 강하고 꽃이 예쁘고 향이 있어 사랑스럽다(이규보). 또한 꽃이 우아하고 품격이 있고(이곡), 꽃이 구슬처럼 아름답고(정포, 이색, 강희맹), 아담하고 우아하고 중양절이 지나도 그윽한 향을 내고(안평대군), 향은 하늘이 준 천향이다(조호익 1545~1609). 꽃이 늦게까지 피고 화려하지 않으나 아름답고 향은 깨끗하고 싸늘하지 않고(정약용), 꽃 빛깔이 맑고 담박한 향이 있다(이은상 1903~1982).

들국화의 이미지는 고향 생각을 나게 하고(백대붕 ?~1592), 모란과 작약처럼 아름다우나 절개 있는 의로운 선비이다(정포, 이색). 화려한 복사꽃과 오얏꽃에 비하면 들국화는 자연과 함께 살아가는 군자, 은사, 열사의 이미지를 지닌 그 꽃다운 마음이 사랑스럽다(정몽주). 숨어 사는 선비의 고결한 기상을 지닌 난초, 대나무, 매화나무와 함께 사군자(고징후 17세기)로, 늦가을에 서리를 맞으며 홀로 피는 아름답고 고상한 모습은 인고, 희생, 의지, 충절, 절개, 기품,

선비의 길을 연상하게 한다(이형상 1653~1733, 이정보 1693~1766, 안 민영 1816~?, 노천명 1912~1957, 장수철 1917~1966, 서정주 1915~2000) 고 칭송되었다. 이처럼 들국화는 많은 사람들의 관심과 사랑을 받 아 왔다.

꽃밭 소재

남병철(1817~1863)은 산국화 세 종을 집 안에 들여놓고 새 식구 라고 하였다. 이 세 종은 감국, 구절초, 산국으로 보이는데, 마당에 심어서 꽃밭 소재로 썼다.

별칭은 연꽃, 대나무, 매화나무와 함께 빼어난 벗, 반갑고 귀한 벗, 반갑고 귀한 손님, 장수화, 중양화이고, 꽃말은 군자, 절개, 정 절, 충신, 은사, 불굴, 기상, 미인, 유유자적, 장수이다.

맥문동

맥문동(麥門冬)은 도미(荼蘼)라고 하였다. 한반도 중부 이남에서 나는 백합과이다. 강희안이 맥문동을 마당에 심어서 꽃밭 소재로 쓰고, 허목도 마당에 맥문동을 심고 조선 후기에는 맥문동을 민가 안마당에 심었다. 이후백과 조헌(1574)은 맥문동을 난초로 알고 중 국에서 비싸게 사와서 화분에 심었다.

범부채

사간(射干), 편죽(萹竹)이라고 하였다. 한반도에서 나는 붓꽃과로 땅속줄기 근경이 있고 꽃은 그윽한 정취가 있다(홍만선). 허목, 홍만선, 서유구는 범부채를 마당에 심어서 꽃밭 소재로 쓰고, 조선 후기에는 범부채를 민가 안마당에 심었다. 신사임당의 범부채 그림이 있다.

베고니아

베고니아(begonia)는 가을에 피는 아름다운 해당이라는 뜻으로 추해당(秋海棠)이라고 하였다. 남미 원산이고 열대와 아열대에 분포하는 베고니아과의 덩이줄기 괴경을 가진 알뿌리식물이다. 박세당, 서유구, 홍경모는 베고니아를 마당과 화분에 심어서 꽃밭과 분화 소재로 썼다. 베고니아는 가을(음력 9월)에 씨앗을 받아서 마당이나 화분에 뿌리면 이듬해 봄에 싹이 나고 여름에 꽃이 핀다. 구근 베고니아는 서리를 맞으면 마당에 있는 덩이줄기를 캐서 움집에서 겨울을 나고 이듬해 봄에 마당이나 화분에 심었는데 주로 분화로 실내에서 길렀다. 베고니아 분화는 습도가 높고 깨끗한 그늘을 좋아하고 퇴비 등의 더러운 비료는 금물이다(박세당, 1676).

꽃말은 애끓는 꽃, 짝사랑이다.

부들

포(蒲), 한반도에서 나는 부들과의 수생식물이다. 신라 때 자리 소재로 쓰이고, 고려 때에는 청자상감주전자와 매화꽃병에 부들무 늬가 등장한다. 이첨이 매일 정자를 오가던 시골길 개울가에서 부 들이 자라고 있었다. 박윤묵(18세기)은 큰 옹기에 연꽃과 부들을 심 고, 조선 후기에는 민가에서 작은 연못을 만들고 못가에 부들을 심 었다.

붓꽃

계손(溪蓀)이라고 하였다. 한반도에서 나는 붓꽃과이다. 강희안 이 붓꽃을 마당에 심어서 꽃밭 소재로 쓰고, 조선 후기에는 민가 안마당에 붓꽃을 심었다. 남계우의 〈초충도〉에 붓꽃이 등장한다.

산국

산국(山菊)은 한반도에서 나는 국화과로 대표적인 들국화의 하나이다. 꽃 중심부의 작은 꽃 관상화와 가장자리의 작은 꽃 설상화는 모두 노란빛이라 감국처럼 황국, 황화로 불리었다. 고려 의종은 궁궐 마당에 산국을 심어서 꽃밭 소재로 쓰고, 강희안도 마당에 산국을 심고, 조선 후기에는 민가 안마당에 산국을 심었다.

석곡

석곡(石斛)은 한반도 남부 지방에서 나는 난초과 식물로 뿌리가 대기 중에 드러나는 기생란이다. 이병기가 석곡을 분화 소재로 썼으며, 구한말 초등학교 교과서와 우표에 나타난다.

석창포

석창포(石菖蒲)는 한반도 중부 이남에서 나는 천남성과로 땅속줄기 지하경이 있는 수생식물이다. 땅속줄기는 구불구불하고 각 마디에는 가는 뿌리가 나고 잎은 창포보다 가늘고 길다. 석창포와 창포는 다른 종인데 조선최고의 꽃전문가 강희안은 석창포를 창포의 품종이라고 하고, 유박은 석창포를 창포의 속명이라고 하였다.

용기 재배

조선의 정영한(17세기)이 백제 관사(6세기 추정) 터에서 물을 여러 말 담을 수 있는 둥글고 큰 돌 용기(높이 45cm, 지름 108cm, 둘레 약 3.3m)를 발굴하였다. 정영한은 서거정의 『동국여지승람』 공주토산물편의 석옹창포 시와 이홍남과 김홍욱의 석옹창포 노래를 근거로, 석창포를 심었던 용기라고 하였다. 정영한은 이 용기에 석창포만 심기 아깝다며 연꽃을 같이 심었는데, 송시열(1664)은 두 군자를 같이 심은 정공을 칭송하였다. 백제 시대 돌 용기에서 석창포의 물재배(water culture)는 세계적으로도 첫 사례가 아닌지 모르겠다. 이 용기의 용도는 관사 주변 공간 장식용이었을 것이다.

분화 소재

최자(1188~1260, 1254)는 석창포 분화를 기르면서 분화용 상토로는 모래가 좋다고 하였다. 강희안과 한태동(1646~1687)은 질그릇이나 작은 돌 용기에 석창포를 심어서 책상 위에 두고 감상을 하고, 최립은 화분에 심긴 창포 잎이 가늘고 길고 하늘거린다고 하고, 김윤식(1835~1922)은 궁궐의 승정원과 홍문관 뜰의 석창포 분화를 누가 훔쳐 가거나 옮겨 놓으면 바로 마르는데 홍문관에 돌려 놓으면 다시 왕성하게 자란다고 하였다. 구한말 석창포 분화는 잎이 가늘수록 명품이라고 하였다.

꽃밭 소재

강희안과 허목, 유박은 석창포를 마당에 심어서 꽃밭 소재로 썼다. 꽃말은 고고하고 깨끗함, 지조, 절조, 군자의 표상이다.

선인장

선인장(仙人掌)과 식물을 뭉뚱그린 이름이다. 북미 남부 원산으로 선인장과에는 3,000종 가량이 있다. 선인장은 건조한 곳에서 자라기 위하여 줄기는 다육질로 통통하거나 기둥 모양이고, 잎은 작거나 돌기, 가시, 털로 바뀐 변태식물로 꽃은 꽃받침과 꽃잎의 구분이 어려운 화피이다.

선인장은 1940년 무렵에 한반도에 들어왔는데 곧바로 꽃가게에서 판매하는 환전식물이 되었다. 선인장은 판매 형태가 간단하고 기르기가 쉽기 때문으로 보인다.

수련

수련(睡蓮)은 밤에는 꽃이 오므라드는데 그 모습이 잠을 자는 연꽃처럼 보인다 하여 부른 이름이다. 한반도 중남부에서 나는 수련과의 수생식물이다. 조선의 태종(1405)이 창덕궁에 부용지를 만들고 연못에 수련을 심어서 연못 소재로 썼다. 조선 후기에는 민가 연못에 수련을 심고, 구한말 고종(1863~1907, 1873)은 경복궁 향원지에 수련을 심었다.

수선화

수선(水仙)이나 은대화(銀臺花)라고도 하였다. 지중해 연안과 동북아시아 원산의 수선화과로 비늘줄기 인경이 있는 알뿌리식물로 꽃에는 은은하고 가벼운 향이 있다. 제주도에 야생하는 수선화도 있다. 19세기에 미국과 프랑스에서 수선화 개량종을 만들고, 한반도에도 개량종이 들어왔다.

꽃밭 소재
강희안이 수선화를 마당에 심어서 꽃밭 소재로 썼다. 이 수선화는 외국 원산의 야생종으로 보인다. 제주 사람들은 작은 땅만 있으면 수선화를 심었고(김정희), 조선 후기에는 민가 안마당에 수선화를 심었다. 이 밖에 수선화는 심사정, 정학교(1832~1914). 장승업의 그림, 정약용의 시, 문일평의 일기(1934) 등에 등장한다.

분화 소재

강희안과 서유구는 수선화를 화분에 심어서 책상 위에 두고 감상을 하였다. 수선화 분화는 인기 상품이었으나 보통 사람들은 값이 비싸서 수선화를 키울 엄두를 내지 못하였다(이헌경).

번식

수선화는 둥근 비늘잎알뿌리 인경을 가을에 심으면 이듬해 봄에 꽃이 피고 여러 개의 작은 인경이 생겨난다. 이 인경들을 하나씩 나누어 심으면 새로운 수선화를 얻을 수 있다. 구근나누기 분구인데 보통식물의 포기나누기 분주 원리와 같다.

환전식물

수선화 절화는 꽃가게에서 꽃꽂이와 선물용, 꽃다발, 꽃바구니 등의 판매용 꽃 장식품 제작 소재로 쓰였다(1920~1930).

꽃말은 천녀, 선녀, 평화로움, 절조이다.

순채

순채(蓴菜)는 순나물이다. 한반도 중남부에서 나는 수련과의 수생식물로 꽃 빛깔은 붉은빛이 도는 보랏빛이고 잎 모양은 연꽃잎과 비슷하다. 이동언(1662~1708)이 마당에 연못을 만들고 순채를 심어서 연못 소재로 썼다.

심비디움

인도, 미얀마, 태국, 베트남, 중국, 일본 등 열대지역 원산으로 난초과 심비디움(cymbidium) 속 이름인데 심비디움 속의 종간교잡으로 만든 잡종도 심비디움이라고 한다. 잡종 심비디움은 꽃이 크고 화려하나 향이 없으며 1920년에 한반도에 들어왔다. 구한말 영친왕은 심비디움 분화를 기르고 심비디움의 (품)종간교잡으로 창방과 창경 품종을 육성하여 영국난초협회에 등록을 하였다. 영친왕은 우리나라 화훼 육종의 첫 기록을 세웠다. 지금은 식물체 크기에 따른 소형, 중형, 대형 품종과 꽃 빛깔이 다른 수많은 품종이 있다.

연꽃

연(蓮), 부거(芙蕖), 하(荷)라고 하고, 꽃은 부용(芙蓉)이라고 하였다. 당나라 현종(712~756)은 양귀비를 나의 말을 잘 알아듣는 해어화인데 연꽃보다 아름답다고 하였다. 한반도에서 나는 수련과의 수생식물이다. 신라 경주 동쪽의 한 민가의 땅이 꺼져서 연못이 되고 그 못에서 연꽃이 솟아났다(123). 연꽃의 첫 발생 기록이다.

연꽃의 특징을 보면 뿌리줄기 근경 이른바 연근은 연못의 물 밑 땅에 있고 큰 잎과 꽃은 물 위에 드러나 있다. 꽃은 아름다우나 요염하지 않고 탐스럽고 고상한 품격과 운치를 지닌 명화로 사물의 이치를 깨칠 수 있는 꽃이고, 향은 은은하고 맑고 멀리 간다 하여 하늘 향, 은은한 향, 가벼운 향으로 불리었다. 꽃과 열매는 거의 동시에 발생하고 씨앗의 수명은 수백 년이 넘는다. 연꽃은 멀리서 볼 수는 있으나 가까이서 감상하기 어려워 사랑과 공경의 대상이 되고 학식과 덕행이 높은 군자를 상징한다.

꽃 장식, 꽃 공양, 꽃 선물

잘린 연꽃이 어떻게 쓰였는지는 삼국시대 벽화고분의 그림으로 추정한다. 안악 3호분(357)에는 한 여인이 앉아 있는 네모난 투명 설치물의 모서리와 벽면에 연꽃과 연꽃봉오리를 달아서 공간 장식을 하고, 평안남도 남포 덕흥리 벽화고분(408)에는 연꽃 연못인 연지에 연꽃이 피어 있고, 무용총(5세기 전반)에는 연꽃과 연꽃봉오리가 수반에 담겨 있고, 연꽃봉오리 형상물로 지붕을 장식하고, 안악 2호분(5세기 후반)에는 세 여인이 연꽃과 연꽃봉오리를 쟁반에 담아서 공양하러 가고, 두 선녀가 하늘을 날면서 쟁반에 담긴 연꽃잎을 흩뿌리는 산화공양을 하고 있다. 왜 연꽃이 많은가? 인도 설화에 따르면 부처가 태어날 때 주변에 오색 연꽃이 피어 있고, 처음 걸을 때에는 땅에서 연꽃이 솟아나 부처를 받들었다고 하고, 부처상이 없었던 초기 불교에서는 연꽃 그림이나 무늬, 조형물이 있으면 부처님이 계시는 신성한 장소인 극락정토, 이상세계로 여겼다고 한다. 벽화고분의 그림도 초기 불교에서 나타나는 전형적인 현상으로 보인다.

연꽃은 벽화고분뿐 아니라 유물, 유적, 그림에도 수많은 활용 흔적이 있다. 백제 무령왕비 금관꾸미개(529)의 얇은 금판중심부의 연꽃받침대 위의 꽃병에 꽃 한 송이가 꽂혀 있고, 경주 석굴암(751) 감실의 십일면관음보살은 연꽃 한 송이가 꽂혀 있는 작은 정병을 들고 있고, 성덕대왕신종(771)에는 연꽃 조형물인 연화대 위에 꿇어앉아서 쟁반에 담긴 연꽃을 공양하는 동자가 있고, 상주 천인상 판석(8세기 말)에는 쟁반에 담긴 큰 연꽃봉오리를 공양하는 인물이 있다. 충남 예산 수덕사의 대웅전 벽화 〈야생화도〉(14세기)에는 백련과 홍련이 수반에 담겨 있다. 고려 충선왕(1308~1313)이 원나라를 떠나면서 한 여인에게 연꽃 한 송이를 주며 석별의 정을 나누고, 고려 때에는 연꽃으로 배안의 공간을 장식하고, 망자가 타고 가는 꽃상여는 연꽃 조화로 장식을 하고, 연꽃을 꽃병에 꽂꽂이한 김수철의 〈연화삽병도〉가 있다.

용기 재배

백제 공주 대통사(529) 터에서 연꽃무늬가 있는 지름 134센티미터, 높이 72센티미터의 둥글고 큰 돌 용기 중동 석조와 반죽동 석조가 발굴되었다. 이 용기에 연꽃을 심어서 절 마당의 공간 장식을 하였던 것으로 보인다. 연꽃을 용기에서 물재배를 한 첫 기록이다. 속리산 법주사에도 높이 2미터가량의 연꽃 모양의 큰 돌 용기 석련지(720)가 있다. 이 석련지는 지금도 있는데 연꽃을 물재배하여 절마당의 공간 장식에 썼을 것이다.

한편 조선의 정영한(17세기)은 백제 때 석창포를 심었다고 알려진 큰 돌 용기를 발굴하고 이 용기에 석창포와 연꽃을 같이 심었다. 조선시대에는 무거운 큰 돌 용기를 쓰지 않고 화분, 옹기, 수조 등의 작고 가벼운 용기를 썼다. 강희안, 이산해, 박세당은 연꽃을 화분에 심어서 기르고, 궁궐의 승정원(1692) 잔디밭에는 연꽃을 심은 큰 옹기를 땅에 묻고 물을 채워서 분련의 운치를 즐기고(조덕린 1658~1732), 박윤목(18세기)은 큰 옹기 속에 연꽃을 심고 개구리밥, 마름, 말, 부들 등과 작은 물고기도 같이 길렀다. 이 밖에 장승업의 큰 통에서 연꽃이 자라는 〈연화수조도〉, 네모난 화분에 홍련이 심겨 있는 김수철(19세기)과 안중식의 그림이 있다.

염색화

꽃 빛깔이 붉은 학정홍(이만부, 심유)을 비롯하여 22 품종이 있었다(유박). 그럼에도 박세당은 천연염색 소재 식물 우린 물에서 흰 연꽃을 길러서 지구상에 존재하지 않는 특이한 빛깔의 연꽃을 만들었다. 쪽잎 우린 물에서는 푸른 연꽃 청련, 잇꽃(홍화) 꽃잎 우린 물에서는 붉은 연꽃 홍련, 치자나무 열매 우린 물에서는 노란 연꽃 황련 등 다섯 빛깔의 연꽃을 만들었다. 염색 소재 식물을 활용하여 연꽃의 꽃 빛깔을 바꾼 첫 기록이다.

연지와 연못 소재

절에서는 연꽃 전용 연못인 작은 연지를 만들고, 궁궐과 민가에서는 크고 작은 연못을 파서 연꽃을 심었다. 백제 부여 정림사(538) 터에서 가로세로 10미터가량의 네모난 연지 한 쌍이 발굴되고, 익산 미륵사(600~641) 터에서도 정림사 연지와 모양과 크기가 비슷한 네모난 연지 한 쌍이 발굴되고, 경주 불국사(751) 앞마당에는 동서 40미터, 남북 26미터, 깊이 2~3미터의 큰 타원형의 구품연지를 만들었다. 고려 의종은 궁궐의 어화원에 연못을 만들고 연꽃을 심고, 충숙왕은 원나라에서 백련과 홍련을 가지고 와서 궁궐 연못에 심고, 고려 말 탁광무는 광주 별장에 연못을 파서 연꽃을 심고, 이성계는 경복궁(1395) 연못에 연꽃을 심고, 이황은 안동의 도산서원 동쪽에 못을 파서 연꽃을 심고, 정자를 만들어 정우당이라고 하였다. 유계(1607~1664)도 못을 파서 연꽃을 심고 정자 이름을 정우당이라고 하였다. 경복궁 연못 향원지에는 홍련이 있고 향원정(1873)이 있었다. 이만부와 유박도 마당에 연못을 만들고 연꽃을 심었다. 신윤복(1805)의 〈연당여인도〉에는 별당 앞에 연꽃이 만발해 있다. 강희안과 유박은 연꽃을 화목구품의 1품에 올렸다.

번식

연꽃은 씨앗 뿌리기와 포기나누기로 번식을 한다. 씨앗 뿌리기는 9월부터 이듬해 3월 사이로 보통은 8~9월에 씨앗이 들어 있는 열매, 이른바 연밥을 채취하여 양쪽 끝을 자르고 연못에 던지거나, 가을부터 이듬해 봄 사이에 연밥에서 씨앗을 분리하여 딱딱한 씨앗 껍질에 상처를 내어서 얕은 물그릇에 담아둔다. 싹이 나면 어린 묘를 연못의 물속에 던지거나, 적당한 크기의 화분이나 옹기, 수조 등의 용기에 옮겨 심는다. 포기나누기는 4~5월에 땅속줄기 근경을 캐서 서너 개를 한 포기로 눈이 위를 향하도록 연못의 진흙 위에 놓아두거나 살짝 꽂아 두면 그해에 꽃이 핀다. 한 연못에서 흰빛과 붉은빛 연꽃을 가까이 심으면 안 된다(박세당)고 한다.

별칭은 깨끗한 벗 정우이고, 꽃말은 고고함, 군자, 귀함, 극락왕생, 기이함, 깨끗함, 내세 평안, 다산, 미인, 번영, 보배, 부처, 불교,

불국정토, 불심, 순결, 신성, 신비, 신성, 신통, 아름다움, 애정, 여름, 영원, 자식, 젊음, 정숙한 여인, 진리, 청렴, 청정, 청정 처사, 정화, 화목, 화합, 사랑의 괴로움이다.

옥잠화

옥잠화(玉簪花)는 중국 원산의 백합과로 흰빛과 보랏빛 꽃이 피고 향이 있고(문일평), 흰 꽃은 맑고 깨끗하고 아름답고 청초하다(안평대군). 강희안, 안평대군, 신경준(1744), 유박, 문일평 등은 옥잠화를 마당에 심어서 꽃밭 소재로 쓰고, 강희안과 유박은 화목구품의 9품과 8품에 올렸다.

별칭은 차가운 벗, 깨끗한 신선이라고 하고, 꽃말은 영리한 사미승이다.

원추리

훤초(萱草), 꽃이 노란빛이라 하여 금훤, 꽃봉오리가 사내아이의 고추 같다 하여 의남초, 웃음을 머금고 있다 하여 함소, 시름을 잊을 만큼 꽃이 아름답다 하여 망우초라고 하였다. 한반도에서 나는 백합과로 큰 꽃이 아침에 피고 저녁에 오므려서 사물의 이치를 깨칠 수 있는 꽃이라고 하였다. 원추리는 서기전 1세기에 훤화, 원추리꽃이라는 여인의 이름으로 등장한다. 조선시대에는 원추리 이름이 잘 알려지지 않아서 눈으로는 봐도 말로는 듣기 어려운 꽃이라고 하였다. 강희안은 원추리를 마당에 심어서 꽃밭 소재로 쓰고, 김시습, 홍만선도 원추리를 마당에 심었다. 홍만선은 땅이 비옥하여야 원추리의 꽃 빛깔이 제대로 나고 꽃의 수명이 오래간다고 하였다. 신사임당, 심사정, 강세황, 남계우 등의 그림에 원추리가 나타나고, 조선 후기에는 민가 안마당이나 못가에 원추리를 심었다.

별칭은 아첨하는 벗이고, 꽃말은 성실, 정직, 진실, 근심을 잊는 꽃, 미인, 사랑의 매개물이다.

작약

작약(芍藥)은 함지박처럼 꽃이 커서 함박꽃, 모란과 꽃 모양이 비슷한 풀이라 하여 초모란(草牧丹), 꽃이 붉다 하여 홍약(紅藥)이라고도 하였다. 한국, 일본, 중국, 몽고, 시베리아 등에 분포하는 미나리아재빗과로 한반도에서는 황해도 이북의 낮은 산지에서 난다. 꽃은 크고 아름답고 화려하고 탐스럽고 고귀한 품격을 지닌 명화이며 꽃은 홑꽃과 겹꽃, 흰빛, 붉은빛, 연 붉은빛이 있다(이인로). 이규보는 작약을 아름다운 여인 양귀비에 비유하였다.

꽃밭 소재

고려 의종은 궁궐 마당에 작약을 심어서 꽃밭 소재로 쓰고, 신하들과 작약꽃구경을 하고 신하들에게 작약 시를 짓게 하고, 이규보도 작약을 마당에 심었다. 충렬왕(1302)의 왕비 제국공주는 5월에 수녕궁의 향각 앞에 활짝 핀 작약 꽃을 감상하였다. 충숙왕은 원나라에서 가지고 온 작약 품종을 궁궐 마당에 심었다. 조선시대에는 강희안, 허목, 신경준, 유박, 서유구 등이 작약을 마당에 심고, 강희안과 유박은 작약을 화목구품의 4품과 2품에 올렸다. 조선 후기에는 작약을 민가 바깥마당의 담 주변과 안마당에 심었다. 신사임당, 허난설헌(1563~1589), 정선, 남계우, 김은호 등의 그림에 작약이 등장한다.

품종

고려 충숙왕이 원나라에서 붉은빛, 자줏빛, 흰빛 품종을 가지고 오고, 조선시대에는 노란빛 18, 붉은빛 25, 분홍빛 17, 자주 빛 14, 흰빛 14 품종 등이 있었는데 노란 품종의 인기가 높고, 붉은 금사 낙양홍, 겹꽃의 붉은빛, 흰빛 품종을 귀하게 여겼다(유박).

별칭은 귀한 벗, 고운 벗, 가까운 벗이고, 꽃말은 모란보다 약간 부족하다 하여 꽃의 재상, 고귀한 여성, 술에 취한 미인, 예쁘게 단장한 처녀, 재회, 공주의 비애이다.

제비꽃

제비꽃은 근(菫), 근채(菫菜), 오랑캐꽃이라고 하였다. 한반도에서 나는 제비꽃과로 지금은 개량종을 재배하고 있다. 조선시대에는 김홍도(1792)와 남계우의 제비꽃 그림이 있고, 구한말에는 초등학교 교과서와 우표에 나타난다.

참나리

백합과로 한반도에서 나는 비늘줄기 인경이 있는 알뿌리식물로 줄기와 잎 사이에는 작고 검은 콩 모양의 주아가 달린다. 주아로는 영양번식을 할 수 있다. 조선 후기에는 민가 안마당에 심어서 꽃밭 소재로 심고, 심사정의 〈화훼도〉와 김은호(1920년대)의 그림에 참나리가 등장한다.

창포

창포(菖蒲)는 창촉(昌歜), 구절포(九節蒲)라고도 하였다. 한반도 물가에서 나는 천남성과의 수생식물로 잎에 향이 있다. 단오에는 뿌리 우린 물로 얼굴을 씻고 머리를 감았다(홍석모 1849). 고려 충혜왕(1339~1343)은 궁궐 못가에 창포를 심어서 꽃밭 소재로 썼다. 조선시대 강희안, 허목, 유박, 신경준(1744) 등도 집 마당이나 못가에 창포를 심고, 유박은 창포를 화목구품의 9품에 올렸다. 조선 후기에서는 민가의 작은 못가에 창포를 심었다. 이국미(1662~1708)는 낮은 화분에서 괴석과 함께 창포를 길렀는데 해마다 잎을 잘라주니 잎이 가는 석창포가 되었다고 하였다. 창포와 석창포는 다른 종이라 가는 잎이 되었다 하여서 종이 달라지지는 않는다.

꽃말은 고고함, 깨끗함, 절개이다.

춘란

춘란(春蘭)은 한반도 충남 이남에서 나는 난초과로 뿌리가 땅속에서 자라는 지생란(地生蘭)이다. 조선시대에는 춘란을 알아보지 못하고 난초나 맥문동이라고 하였다. 난초는 호남의 해안에서 나고(강희안), 고상하고 아름답고 청초하고 우아하고 고고한 자태에 품격이 있고(안평대군), 우리나라에는 없으며(허준 1539~1615), 중국에서 비싸게 사온 난초는 맥문동이었고(이후백, 조헌 1574). 연경에서 선물로 받은 난초는 잎이 물에 가라앉고 뿌리에 알이 없어서 맥문동과는 다르고(유몽인), 부여 백마강가 언덕 위의 고란사 난초는 진짜이며(신흠 17세기), 난초는 있어도 알아보는 사람이 없고(신경준), 난초는 없고 난초 비슷한 것만 있다(최익현 1835~1906)고 하였다. 강희안과 유박도 난초를 알아볼 수 없어서 화목구품에 올리지 않았다. 조선시대에는 난초를 국화, 대나무, 매화와 함께 사군자라고 하고, 사군자 그림에 나타나는 난초는 춘란이다.

분화 소재

정몽주의 어머니는 꿈에서 화분에 심긴 난초를 떨어뜨리고 낳은 아이가 몽주인데 어릴 적에는 몽란으로 불렀다. 난초 분화의 첫 등장이다. 훗날 정몽주도 분란을 즐겨 길렀다. 강희안과 강희맹 형제는 봄에 핀 분란을 책상 위에 놓고 등불에 비친 잎과 꽃 그림자를 즐겼다. 김안로는 선물로 받은 분란의 그림자를 아들에게 그리게 하고, 난초 애호가들과 분란을 감상하고 난초의 고고함을 자랑하면서 즐거운 한때를 보내고, 오이익(1618~1667)은 괴석과 함께 난초 분재, 서유구는 난초 분화. 이병기는 석곡, 춘란, 풍란, 한란 분화를 길렀다. 윤삼산(1406~1457), 이암(1507~1566), 엄흔(1508~1543), 선조(1567~1608), 이징(1581~?), 정선, 심사정, 최북, 강세황, 임희지(1765~?), 김정희, 조희룡(1789~1866), 남계우, 이하응(1820~1898), 장승업, 김응원(1855~1921), 민영익(1860~1914) 등의 그림에 춘란 분화가 등장한다.

꽃밭 소재

허준과 신경준(1774)은 마당에 춘란을 심었다.

별칭은 이름난 벗, 좋은 벗, 꽃다운 벗, 자연과 벗하는 사람, 신선한 사람, 고아한 선비, 세상을 피해서 사는 사람 등이 있고, 꽃말은 군자, 은군자, 기품과 품격, 운치, 절개, 충성심, 고아함, 깨끗함, 미인이다.

카네이션

카네이션(carnation)은 남유럽, 서아시아 원산의 석죽과로 꽃가게에서 판매하고 있다. 카네이션은 한해에 한번 꽃이 피는 일계성과 사철 꽃이 피는 사계성의 패랭이꽃과의 종간교잡으로 만든 잡종이다. 영국에서는 17~18세기에 일계성 카네이션 약 300 품종을 만들고, 1840년에는 프랑스에서 사계성 카네이션 품종을 만들었다. 카네이션 품종은 1852년 미국, 1909년 일본에 전해지고, 우리나라에는 1930년 무렵에 들어와서 초등학교 교과서와 우표에 등장한다. 카네이션은 꽃밭이나 분화 소재로 적합하지 않아서 절화만 생산하고 판매를 한다. 절화는 어버이날, 입학식, 졸업식, 신식결혼식 등 각종 행사에 쓰이면서 환전식물로 각광을 받고 있다. 카네이션은 겨울 추위에 약해서 온실에서 절화를 생산하고 꽃가게에서 판매를 한다. 따뜻한 남부 지방에서 생산하고 소비가 많은 서울에서 판매를 하는 적재적소의 생산과 판매시스템이 일찍부터 갖추어졌다. 꽃가게에서 판매하는 카네이션 절화는 꽃꽂이와 꽃선물로 쓰이고, 꽃다발, 꽃바구니 등의 꽃 장식품 제작 소재로 쓰였다(1920~1930).

꽃말은 모정, 사랑, 감사이다.

털동자꽃

털동자꽃은 전추라(剪秋羅), 전추사(剪秋紗)이다. 중부 이북의 산지에서 나는 석죽과이다. 가을에 찬바람이 불어도 국화를 이어서 늦게까지 꽃이 피고 향이 고고하다(유박). 유박은 털동자꽃을 마당에 심어서 꽃밭 소재로 쓰고 화목구품의 9품에 올렸다.

튤립

튤립(tulip)은 울금향(鬱金香)이라고 하였다. 유럽, 소아시아 원산의 백합과로 100여 종이 있다. 현재의 재배종은 터키와 가까운 지중해연안의 자생종간의 종간교잡으로 만든 잡종으로 개화 시기가 다른 조생종, 중생종, 만생종, 그리고 흰빛, 노란빛, 붉은빛 등 꽃 빛깔이 다양한 품종이 있다. 튤립은 비늘줄기 인경이 있는 알뿌리식물로 20세기에는 꽃가게에서 절화, 분화, 구근을 판매한 것으로 보인다. 튤립 절화는 꽃꽂이와 꽃 선물용으로 쓰이고, 꽃가게에서 판매하는 꽃다발, 꽃바구니 등의 꽃 장식품 소재로 쓰였다 (1920~1930).

파초

파초(芭蕉)는 초(蕉), 녹천암(綠天菴)이라고 하였다. 중국 원산의 파초과로 한반도에서는 남부 지방에서 재배식물로 자란다. 고려 문만수(1296)는 비단으로 만든 파초 조화를 왕에게 바쳤다. 이로 봐서 13세기에는 한반도에 파초가 있었던 것 같다. 강희안은 파초 재배법을 터득하고 파초를 마당에 심어서 꽃밭 소재로 썼다. 허목, 홍만선, 이만부, 유박도 마당에 파초를 심었다. 강희안과 유박은 파초를 화목구품의 5품과 2품에 올렸다. 강세황, 허유, 김수철의 그림에 파초가 등장한다.

별칭은 존경하는 벗이고, 꽃말은 풀의 왕이다.

패랭이꽃

석죽(石竹), 석죽화(石竹花)라고 하였다. 한반도에서 나는 석죽과
이다. 야생의 패랭이꽃은 진한 분홍빛인데 지금은 푸른빛, 노란빛,
붉은빛, 흰빛, 검은빛 등 다양한 품종이 있다.

꽃밭 소재

고려 정습명과 이규보의 시에 등장하는 패랭이꽃은 마당에 심
어서 꽃밭 소재로 썼던 것으로 보인다. 강희안이 패랭이꽃을 마당
에 심어서 꽃밭 소재로 쓰고, 홍만선, 유박, 문일평 등도 마당에 패
랭이꽃을 심었으며, 강희안과 유박은 패랭이꽃을 화목구품의 9품
과 8품에 올렸다. 조선 후기에는 민가 안마당에 패랭이꽃을 심었
다. 신사임당, 정선, 심사정, 강세황, 김홍도, 신명연, 남계우 등의
그림에 패랭이꽃이 등장한다.

분화 소재

홍만선은 패랭이꽃을 화분에 심어서 분화로 길렀다. 분화의 시
작은 패랭이꽃 줄기를 화분에 꺾꽂이를 하여서 꽃을 피웠다. 그 방
법은 꽃이 반쯤 핀 패랭이꽃의 잘린 줄기를 작은 화분에 넣어 둔
무에 꽂고 흙을 채우고 가끔씩 물을 주면 얼마 지나지 않아서 꽃이
지고 새 뿌리가 난다.

별칭은 꽃다운 벗이고, 꽃말은 무조건적인 사랑, 순수한 사랑,

열렬한 사랑, 소년, 울지 않는 어린아이, 서민의 꽃, 절개, 아름다움, 그윽한 운치, 평화로움, 청춘이다.

풍란

풍란(風蘭)은 한반도 남부 지방에서 나는 난초과이다. 바위 틈이나 늙은 나무줄기에 붙어서 자라는 기생란(氣生蘭)으로 흰 꽃이 피고 강한 향이 있다. 풍란은 고려 때부터 많은 사람들의 사랑을 받았지만 풍란이라 부르지 않고 난초라고 하였다. 난초 향은 열 가지 다른 향과 맞먹고(성삼문), 향은 청아하고 은은하고 그윽하여 유향이나 암향이고(이황), 향이 맑고 아름다우며(박영신 1578~1624의 아들 박지번), 줄기 하나에 꽃 하나가 피고 향이 강하고(박세당, 홍만선). 향의 원조로 향이 가장 좋고(문일평). 중국에서는 난초(풍란)를 금목서, 수선화와 함께 삼향이라고 하였다. 신라 성덕왕(709) 때 석기 탄신일에 경남 의령의 꽃 산으로 불린 백월산의 한 절에 젊고 아름다운여인이 난초 향을 풍기며 찾아왔다. 우리나라에서 향이 좋은 난초는 풍란뿐이므로 풍란으로 보인다.

분화 소재

이제현이 선물로 받은 난초분화를 책상 위에 놓아두었는데 은

은하고 그윽한 향이 온방에 가득하였다고 하였다. 이병기와 이은
상(1903~1982)은 풍란 분화를 기르면서 풍란을 소재로 시를 짓기
도 하였다. 풍란은 20세기에 제 이름을 찾았다. 장우성(1912~2005)
은 화분에 심긴 난초 가운데 하나의 꽃대에 흰 꽃 여러 송이가 피
고 향이 강한 난초가 있다.

꽃말은 향의 원조, 아름다움이다.

하늘나리

산단(山丹)이라고 하였다. 한반도에서 나는 백합과의 알뿌리식
물로 비늘줄기 인경이 있다. 강희안이 하늘나리를 마당에 심어서
꽃밭 소재로 쓰고, 하늘나리를 화목구품의 8품에 올렸다. 홍경모
가 하늘나리를 마당에 심고, 조선 후기에는 민가 안마당에 하늘나
리를 심었다.

한란

한란(寒蘭)은 한반도 남부 해안이나 제주도 한라산에서 나는 난
초과의 식물이다. 신경준(1774)이 한란을 화분에 심어서 분화 소재

한국의 꽃 역사 이야기

로 쓰고, 이병기도 한란을 화분에 심어서 길렀다.

할미꽃

백두옹(白頭翁)이라고 하였다. 한반도의 들이나 산중턱의 양지
바른 곳에서 나는 미나리아재비과로 붉은 종 모양의 꽃이 아래를
향해서 핀다. 설총의 「화왕계」에서 할미꽃은 양지바른 산비탈에서
자라고, 베옷을 입고, 흰 모자를 쓰고, 가죽 띠를 두르고, 허리가 굽
은 꼿꼿한 선비로 등장한다. 안평대군은 할미꽃을 매우 화려하다
고 하고, 구한말 초등학교 교과서와 우표에도 보인다. 하지만 할미
꽃의 원예 활동기록은 없다.

꽃말은 노인, 청빈한 선비이다.

혜란

혜란(惠蘭)은 혜(蕙)라고 하였다. 난초과로 원산지가 분명하지
않으나 분화와 꽃밭 소재로도 널리 쓰였다. 가야 수로왕(48)이 인
도 공주 허황옥이 김해에 도착하자 난초로 만든 음료와 혜로 만든
술을 대접하였다. 혜는 혜란으로 보이는데 혜란은 제주도에만 있

어서 구하기 어렵고(허준), 난초의 한 종으로 늦봄에 줄기 하나에서 여러 개의 꽃이 피는데 향이 없다(박세당, 홍만선). 그리고 이우(1542~1609)의 〈묵란〉, 이정(1554~1626, 1594)의 〈형란〉, 심사정의 〈석란〉, 강세황의 〈난죽도〉, 이하응(1820~1898)의 〈동심여란〉, 민영익(1860~1914)의 〈노근묵란〉, 조동윤(1871~1923)의 〈채란〉 등은 혜란이라고 하고, 신경준(1744)은 혜란을 마당에 심어서 꽃밭 소재로 썼다.

홍초

홍초(洪蕉)는 미인초(美人蕉)라고도 하였다. 인도, 말레이시아 등 열대 원산의 홍초과 식물이다. 박세당이 홍초를 마당에 심어서 꽃밭 소재로 썼다. 유럽과 미국에서는 1863년 이후에 홍초를 육종하여서 지금은 개량종을 재배하고 있다.

이 밖에 존재감이 낮은 여러해살이풀들이다.

고사리는 남부 지방에서 나는 잔고사리과의 민꽃식물로 사철 푸르다. 선사시대부터 삼국시대까지 의례용품인 청동팔주령, 청동거울, 청동기에 고사리무늬, 부장품인 토기 잔에 고사리 조형물로 장식을 하였으나 원예 활동에 쓰인 흔적은 보이지 않는다.

구절초(九折草, 九節草)는 음력 9월 9일 중양절에 꽃을 자른다 하여 부른 이름이며, 한반도에서 나는 국화과로 최북의 〈화충도〉에 등장한다.

금강초롱이 구한말 초등학교 교과서와 우표에 등장하고, 금낭화가 조선 후기의 그림과 구한말 초등학교 교과서와 우표에 나타나고, 꽃창포가 구한말에 등장하고, 꽈리는 한반도에서 나는 가지과로 심사정의 그림에 등장하고, 조선 후기에는 꽈리를 마당에 심었다. 마가렛, 목향, 방울꽃이 구한말에 나타나고, 부처손이 조선시대 꽃밭 소재로 쓰였다. 어리연꽃이 조선시대 그림에 등장하고, 용담, 억새가 구한말 초등학교 교과서와 우표에 등장하고, 제비붓꽃이 조선시대 그림에 등장한다.

지치는 지초(芝草)라고도 하는데, 지치과로 한반도역에서 나는 자줏빛 천연염색 소재 식물이다. 홍만선은 지치를 흰 모란과 흰 연꽃의 변색과 염색 소재로 활용하였다.

초롱꽃이 구한말 시에 등장하고, 큰꽃으아리가 구한말 초등학교 교과서와 우표에 나타나고, 토끼풀이 구한말 꽃반지 소재로 쓰이고, 한라구절초가 구한말 초등학교 교과서와 우표에 등장하고, 호접란이 구한말 그림에 등장한다.

작은키나무

작은키나무는 줄기 밑동에서 여러 개의 가지가 나오고 키가 2미터가량으로, 떨기나무나 관목(灌木)이라고도 한다.

개나리

연교(蓮翹), 황만(黃蔓), 신이화(辛夷花)라고 하였다. 함경도를 제외한 한반도 모든 지역에서 나는 물푸레나뭇과로 한국특산 낙엽수이다. 강희안이 개나리를 마당에 심어서 꽃밭 소재로 쓰고, 개나리를 화목구품의 9품에 올렸다. 조선 후기에는 민가 안마당에 개나리를 심었다.

겹황매화

충판체당(重瓣棣棠), 죽단화, 죽도화(竹島花), 지당화(地棠花), 임금이 남긴 어류화(御留花)의 상대적으로 임금이 내보냈다 하여 출단화(黜壇花), 출장화(黜墻花)라고도 하였다. 일본 원산의 장미과로 홑꽃 황매화의 변종으로 겹꽃 낙엽수이다. 한반도에서는 중부 이남의 절이나 마을 부근에서 재배식물로 자란다. 강희안이 겹황매화를 마당에 심어서 꽃밭 소재로 쓰고, 겹황매화를 화목구품의 8품에 올렸다. 홍경모도 겹황매화를 마당에 심었다. 정약용은 겹황매화의 자태가 속되어 홑꽃 황매화만 못하다고 하였다. 조선 후기에는 민가 안마당에 겹황매화를 심었다.

별칭은 보통 벗이고, 꽃말은 봄맞이꽃, 중앙, 황제이다.

골담초

중국 원산의 콩과 식물로 한반도 중부 이남에서 재배식물로 자라는 낙엽수이다. 영주 부석사를 창건한 의상대사(680 무렵)는 자신이 쓰던 지팡이를 처마 밑 마당에 꽂아 두고 인도로 떠났는데 얼마 지나지 않아서 지팡이에서 싹이 나고 나무로 자랐다. 이 나무는 골담초인데 자연스레 절 마당의 꽃밭 소재가 되었다. 나무로 자란 골담초 지팡이는 부석사를 찾는 사람들에게 재미있는 이야기와 구경거리를 제공하고, 꽃 역사에서도 중요한 의미를 갖는다. 지팡이는 나무줄기이므로 지팡이를 땅에 꽂으면 줄기를 꺾꽂이한 것과 다름없다. 그렇다 하더라도 몇 가지 전제가 충족되어야 한다. 지팡이에는 잎눈이 살아 있어야 하고, 지팡이를 꽂아 둔 흙의 물리화학적 성분, 수분, 대기온도, 상대습도, 광도 등이 적합해야 하는데, 결과적으로 이러한 모든 조건이 충족된 것이다. 의상이 이것을 알고 있었는지 우연인지는 알 수 없으나 우리나라에서 줄기 꺾꽂이를 한 첫 기록이다.

부석사 스님들은 신령스런 이 나무를 비선화수라 하고, 이황은 신령스런 이 나무는 지팡이꼭지에 조계수가 있는지, 하늘이 내리는 비와 이슬의 은혜를 받지 않는다고 하였다. 광해군(1608~1623) 때의 경상감사 정조는 선인이 지팡이로 쓰던 이 나무로 지팡이를 만들고 싶다며 톱으로 나무를 잘랐다. 잘린 나무에서는 새 줄기가 났으나 나무를 벤 정조는 인조 때 역적으로 몰려 참형을 당하였다. 이중환(1690~1756)이 천년이 지나서 부석사에 가 보니 비선화수가 자라고 있었다. 이 나무는 훗날 골담초로 밝혀지고 지금도 부석사에서 자라고 있다.

관음죽

관음죽(觀音竹)은 중국 남부 원산으로 야자과의 상록수이다. 강희안이 관음죽을 화분에 심어서 분화 소재로 쓰고, 신경준(1744 이후)과 서유구도 관음죽을 화분에 심어서 길렀다.

금목서

금목서(金木犀)는 계화(桂花), 향이 강해서 만리향(萬里香)이고도 한다. 중국 원산으로 물푸레나뭇과의 상록수이다. 한반도에서는 겨울 추위에 약해서 남부 지방에서 재배식물로 자란다. 노란 꽃이 필 때는 나무가 금가루를 덮어쓴 것처럼 무척 아름답게 보이고, 달속의 미인 항아와 상쾌한 가을바람을 연상하게 한다. 금목서는 진주에서 대나무와 함께 사철 푸르고(강희안), 가야 구형왕(521~562)과 신라 소성왕(798~800)의 왕비 이름으로 쓰였다. 금목서는 겨울 추위에 약해서 재배 지역이 남부 지역으로 제한되어 있으며,「심청전」등에 등장한다.

꽃말은 아름다움이다.

눈향나무

향나무의 변종으로 마치 누워서 자는 향나무 같다 하여 부른 이름인데 만년송이라고도 하였다. 한반도에서 나는 측백나뭇과의 상록수이다. 강희안은 눈향나무를 마당과 화분에 심어서 꽃밭과 분화 소재로 썼다. 허목, 이만부, 유박도 마당에 눈향나무를 심었다. 유박은 눈향나무를 화목구품의 3품에 올렸다.

명자나무

명사(榠樝), 산당(山棠), 산당화(山棠花)라고 하였다. 중국 원산으로 장미과의 낙엽수로 한반도에서는 황해도 이남에서 재배식물로 자란다. 신경준이 순창의 집 마당에 명자나무를 심어서 꽃밭 소재로 쓰고, 조선 후기에는 민가 안마당에 명자나무를 심었다.
꽃말은 겸손이다.

모란

모란(牧丹)은 꽃 모양이 작약과 비슷해서 목작약(木芍藥)이라고도 하였다. 중국 원산의 미나리아재비과의 낙엽수로 함경북도를 제외한 한반도 모든 지역에서 재배식물로 자란다. 모란꽃은 탐스럽고 향이 특이하고(이인로), 복사꽃과 오얏꽃에 견줄 만하고(이규보, 김영랑 1903~1950), 화려하고(충숙왕 1317), 아름답고 탐스러우면서 고귀한 품격을 지닌 명화이다(안평대군). 모란은 설총의 「화왕계」에서 꽃의 왕으로 등장하고, 임제(1549~1587)의 화사 꽃 역사에서 매화, 연꽃과 함께 모란이 군왕으로 등장하고, 이이순의 「화왕전」에는 노란빛 모란 품종이 꽃의 왕, 붉은빛 모란 품종이 왕비로 등장한다.

꽃밭 소재

신라 진평왕은 당나라 태종이 보낸 모란 씨앗(626~632)을 궁궐 마당에 심고 싹이 나자 푸른 휘장을 둘러 꽃을 피웠는데 붉은빛, 자줏빛, 흰빛이었다(일연 1206~1289). 고려 현종은 궁궐 마당에 모란을 심어서 꽃밭 소재로 쓰고, 예종은 신하들과 모란시를 짓고, 의종 때의 벼슬아치들은 앞다투어 모란을 마당에 심고, 신종 때는 모란재배법을 서로 알려주고 받을 만큼 모란이 널리 퍼졌다. 태종(1412)은 광연루에서 모란꽃을 감상하고, 안평대군, 강희안, 김종직, 이수광, 이시백, 허목, 홍만선, 이만부, 유박, 홍경모 등도 모란을 마당에 심었다. 강희안과 유박은 모란을 화목구품의 2품에 올렸다. 조선 후기에는 민가 안마당이나 바깥마당의 담 주변에 모란을 심었다.

품종

중국에서는 705년부터 모란의 꽃 빛깔을 붉은빛, 분홍빛, 자줏빛, 노란빛 순으로 개량하였다(이여진 1828). 송나라(907~979)에서는 노란빛 요황 품종이 최고의 인기였다. 이규보는 자줏빛, 흰빛, 최우는 붉은빛, 흰빛이 있었는데 고려에는 분홍빛도 있었다(한림별곡 1215). 충숙왕(1325경)이 원나라에서 노란빛, 붉은 겹꽃 낙양홍, 흰빛을 선물로 받아오고, 이시백은 아름다운 금사낙양홍 품종을 길렀는데 효종이 달라고 하자 어떻게 물건으로 임금을 섬기냐면서 그 품종을 베었다. 노란빛 요황과 붉은빛 위자 품종이 등장하고(이동언), 조선에는 노란빛 11, 붉은빛 45, 분홍빛 24, 자줏빛 26, 푸른빛 3, 흰빛 22품종이 있었다. 명품으로는 노란빛 요황, 붉은빛 일념홍과 보랏빛 위자를 꼽았다(유박, 이이순). 심사정, 강세황, 신한평(1726~?), 김홍도, 김수철, 신명연, 허유, 이한철(1808~?), 남계우, 안중식, 허백련(1891~1977), 김은호 등의 그림에 흰빛, 분홍빛, 붉은빛 품종이 보인다.

염색화

홍만선은 흰 모란 분화에 잇꽃 우린 물로 붉은빛 모란을 만들고, 지치 우린 물로는 보랏빛 모란을 만들었다. 천연염색 소재 식물 우

한국의 꽃 역사 이야기

린 물로 관수를 하여서 꽃 빛깔을 바꾼 첫 염색화이다.

꽃꽂이

신라(8~9세기 추정) 수막새 기와에는 항아리에 모란꽃 네 송이가 꽂혀 있고, 고려 유승단은 모란 절화로 꽃꽂이를 하고, 강희안은 딸이 외가에서 얻어온 모란꽃 한 송이를 꽃병에 꽂아 두고 감상을 하였다.

꽃 선물

이규보는 한 연회석상에서 한 기녀로부터 꽃 한 송이를 받고 훗날 그녀에게 모란꽃을 선물하였다.

꽃 공양

법당 벽화(1308)의 꽃바구니에는 모란꽃 등이 담겨 있는데 꽃 공양 그림으로 보인다.

기술

신라에는 모란의 씨앗 뿌리기, 싹 틔우기, 묘 기르기, 격리 재배, 개화 등의 재배 기술이 있었다. 격리 재배는 도난이나 병원균 확산을 막기 위하여 지금도 외국에서 씨앗이 들어오면 격리 재배를 하고 있다. 꽃 빛깔을 유지하기 위하여 접붙이기를 하였는데 유박은 화분에 대목용 나무를 미리 심어 놓고 절접, 합접, 할접 등의 방법으로 접붙이기를 하였다.

별칭은 부귀화, 부귀초, 상객, 귀객, 화신, 꽃의 스승, 향이 나는 천하제일 미인, 꽃의 요정, 열정적인 벗, 깨끗한 벗이고, 꽃말은 화목, 부귀영화, 부유하고 고귀한 사람, 한껏 무르익은 아름다움, 꽃의 왕, 예쁘게 단장한 처녀 등이다.

목서

목서(木犀)는 은목서라고도 한다. 중국 원산으로 물푸레나뭇과의 낙엽수로 한반도에서는 재배식물로 자란다. 강희안이 목서를 마당에 심어서 꽃밭 소재로 썼다. 목서는 석류나무의 접붙이기 대목으로 쓰였다.

별칭은 담박한 벗이며, 꽃말은 총명한 아이이다.

무궁화

무궁화(無窮花)는 이름이 다양하였다. 최치원, 이인로, 이규보, 정약용,《대한일보》(1910)는 근화(槿花), 최충, 서거정은 홍근(紅槿), 윤선도, 유박, 정약용, 김려(1766~1822)는 목근(木槿), 이규보는 꽃이 오랫동안 핀다 하여 무궁(無窮), 홍만선은 무궁(無宮), 유박은 무궁(無藭), 조재삼, 명성황후(1851~1895), 황현,《대한매일신보》와 《대한일보》(1910), 그리고 이은상(1903~1982, 1930), 문일평(1934) 등은 지금의 무궁화(無窮花)라고 하였다. 무궁화 이름이 제자리를 찾기까지는 오랜 시간이 걸려서 20세기에 정착하게 된다.

중국과 인도 원산으로 아욱과의 낙엽수로 한반도에서는 중부 이남에서 재배식물로 자란다. 꽃 하나하나는 아침에 피고 저녁에 시들지만 나무 한 그루에서는 수많은 꽃이 오랫동안 피어서 사물의 이치를 깨칠 수 있는 선화라고 하였다. 김성일은 붉은 꽃이 끊임없이 피고, 안사형(1762 무렵)은 충북 충주에서 흰 무궁화를 보았다. 흰 꽃은 꽃잎의 아랫부분 이른바 화심이 붉고, 붉은 꽃은 화심을 포함한 꽃잎전체가 붉은데 둘 다 당시에는 보기 드문 꽃이었다. 지금은 흰빛, 붉은빛, 홑꽃. 겹꽃 등 수많은 품종이 있다.

꽃밭 소재

무궁화 이름과 관련된 수많은 사람들은 무궁화를 마당에 심어서 꽃밭 소재로 썼을 것이다. 강희안과 유박은 무궁화를 마당에 심어서 꽃밭 소재로 쓰고, 무궁화를 화목구품의 9품과 8품에 올렸다. 남궁억(1923)은 무궁화 동산을 만들고 무궁화 보급 운동을 하였다.

꽃말은 자강불식(自強不息), 소박함, 신비한 매력. 끈기, 단명, 무궁, 인내, 허무이다.

박태기나무

자형(紫荊), 자형화(紫荊花), 상체화(常棣花)라고 하였다. 중국 원산으로 콩과의 낙엽수로 한반도에서는 재배식물로 자란다. 이곡, 설장수, 하위지, 정영방의 시와 글에는 박태기나무가 등장한다. 고려 때부터 박태기나무를 꽃밭 소재로 썼던 것으로 보인다. 서유구는 박태기나무를 마당에 심어서 꽃밭 소재로 쓰고, 조선 후기에는 민가 안마당에 박태기나무를 심었다.

꽃말은 작은 꽃들이 많이 모여서 핀다 하여 형제의 우애이다.

부용

목부용(木芙蓉), 목부용화(木芙蓉花)라고도 하였다. 중국 원산으로 아욱과의 낙엽수로 한반도에서는 재배식물로 자란다. 태종(1405)이 궁궐에 부용지(芙蓉池)를 만들고 연못가 가산에 부용을 심어서 꽃밭 소재로 썼다. 강희안과 홍만선도 부용을 마당에 심고, 남계우의 〈화훼도〉에도 부용이 보인다.

꽃말은 미인이다.

한국의 꽃 역사 이야기

불두화

　꽃이 부처상의 머리처럼 보이고 석탄일 무렵에 꽃이 핀다 하여 불두화(佛頭花)로 부른다. 한반도에서 나는 인동과의 낙엽수로 절 마당에서 흔히 볼 수 있다. 강희안은 불두화를 마당에 심어서 꽃밭 소재로 쓰고, 조선 후기에는 민가 안마당에 불두화를 심었다. 홍경모는 불두화를 화분에 심어서 분화 소재로 썼다.

사계화

　사계화(四季花)는 장춘화(長春花)라고도 하였다. 중국 원산으로 장미과의 상록수로 한반도 중부 이남에 분포한다. 송나라 송기는 동방에서 온 사계화는 푸른 덩굴에 사철 붉은 꽃이 핀다고 하고, 고려 이규보의 시에 사계화가 등장하는데 조선에서는 사계화를 두고 의견이 분분하였다. 사계화는 사철 꽃이 피지 않으며(강희안, 겨울에 경주에서 붉게 핀 사계화는 장춘이며(김시습), 향나무 아래서 피고(김인후), 사계화는 사철 꽃이 피고 지고를 계속하며(신경준, 유박), 지리산에서 자라는데 서울에서도 기를 수 있고 붉은 꽃보다 흰 꽃의 운치가 좋으며(정약용), 서유구는 3, 6, 9, 12월에 붉은 꽃이 피면 사계화(四季花)이고, 잎이 둥글고 분홍 꽃이 피면 월계화(月

季花)이고, 덩굴줄기로 빛깔이 푸르고 봄가을에 꽃이 한 번씩 피면 청간화(靑竿花)라고 하였다.

꽃밭 소재

강희안은 사계화를 마당에 심어서 꽃밭 소재로 쓰고, 최립이 궁궐의 승정원에서 보니 사계화가 자라고 있었고, 정경세와 유박은 사계화를 마당에 심었다. 강희안과 유박은 사계화를 화목구품의 3품에 올렸다.

분화 소재

성현과 홍경모는 사계화를 화분에 심어서 분화 소재로 썼다.

별칭은 운치 있는 벗이고, 꽃말은 아름다운 여인이다.

사철나무

잎이 겨울에도 푸른빛을 띄어서 동청목(冬靑木), 동청수(冬靑樹)라고 하였다. 한반도 중부 이남에서 나는 노박덩굴과의 상록수이다. 강희안은 사철나무를 마당에 심어서 꽃밭 소재로 쓰고, 조선 후기에는 민가 안마당에 사철나무를 심었다. 이헌경(1851~?)은 사철나무 대목에 매화나무를 접붙여서 꽃 빛깔이 진한 홍매를 만들었다. 조선시대 전통 혼례 때에는 사철나무를 테이블 장식 소재로 썼다.

꽃말은 변함없는 사랑, 장수이다.

산철쭉

척촉(躑躅), 산척촉(山躑躅), 영산홍(映山紅), 진달래꽃이 지고 나서 연이어서 핀다 하여 연달래라고도 하였다. 한반도에서 나는 진달래과의 낙엽수이다. 그늘진 언덕에 붉게 피는 산철쭉은 연꽃만큼 아름답고(김창업), 붉은 꽃이 피면 온 산이 휘황찬란하고(신경준). 일부러 심지 않아도 산에서 절로 난다(유득공 1748~1807). 태종(1405)이 경덕궁에 연못을 만들고 가산에 산철쭉을 심었다. 강희안은 산철쭉을 마당에 심어서 꽃밭 소재로 쓰고, 산철쭉을 화목구품의 3품에 올렸다. 연산군(1505)은 수많은 산철쭉을 궁궐 뒷마당에 심고 겨울에 얼어 죽지 않게 하라고 하였다. 홍경모는 산철쭉을 화분에 심어서 분화 소재로 썼다.

서향나무

서향(瑞香)나무는 꿈속에서 향을 느꼈다 하여 수향(睡香)이나 수화(睡花), 강한 향이 멀리까지 간다 하여 천리향(千里香)이라고도 하였다. 중국 원산으로 팥꽃나무과의 상록수로 한반도 남부 지방에서 재배식물로 자란다. 꽃이 아름답고 향이 진하고(이숭인 1347~1392, 권두경 1654~1725), 한 포기의 향이 온 마당에 가득하고 앵두처럼 예쁜 빨간 열매가 달리고(강희안), 치자 꽃보다 운치가 있고(김시습). 꽃은 푸른 비단 장막 아래서 붉게 단장한 여인 같고 다른 향을 못 느낄 만큼 향이 강하고(서유구), 귀로 듣기는 해도 보기 드문 꽃이다(안사형). 향은 하늘 향, 은은한 향, 가벼운 향으로 불리었다.

꽃밭 소재

최충헌과 최우 부자는 서향나무를 마당에 심어서 꽃밭 소재로 썼다. 충숙왕은 중국에서 가지고 온 붉은 자줏빛 서향나무를 궁궐 마당에 심고, 강희안과 유박은 서향나무를 마당에 심고 서향나무를 화목구품의 4품에 올렸다. 서향나무의 겨울나기는 포기 주변에 흙을 덮어 주고 나무에 겨울옷을 입히거나 가마니 등을 덮어 주었을 것이다.

분화 소재

이색(1328~1396)은 서향나무를 화분에 심어서 분화 소재로 썼다. 서향나무 분화를 움집에서 겨울을 나고 봄에 마당에 내놓았는데 청명(4월 5~6일)에 꽃이 피었다. 남부 지방의 자연개화기와 비슷하다. 개성에서 서향나무 분화의 개화는 꽃 감상의 소재 확대 측면에서 의미가 크다. 서울의 강희안도 겨울에 서향나무 분화를 움집에서 보관하고 봄에 꽃을 피웠다. 서향나무 분화는 5~6월에 줄기를 약 3센티미터 길이로 잘라서 화분의 흙에 꺾꽂이를 하여서 시작하였다(이색). 분갈이를 한 다음에는 볕이 강하거나 습한 곳을 피하고 비료나 물을 많이 주면 뿌리가 썩는다고 하였다(강희안). 박세당(1676)은 화분에 넣어둔 토란, 무, 순무 등에 줄기를 꺾꽂이하고 흙을 채워서 물을 주어 꽃을 피웠다. 그리고 뿌리가 난 서향나무는 마당이나 다른 화분에 옮겨 심기도 하였다. 서향나무 분갈이는 잎이 누렇게 변하는 가을에 큰 화분으로 옮겨 심었다.

별칭은 특별한 벗, 귀한 벗이고, 꽃말은 꽃의 맹주, 꽃 도둑이다.

수국

수국(水菊)은 꽃이 공처럼 둥글다 하여 구화(球花, 毬花), 수를 놓은 둥근 공 같다 하여 수구화(繡毬花), 꽃 색이 바뀐다 하여 칠변화(七變花), 자양화(紫陽花)라고 하였다. 중국과 일본 원산으로 범의귀과의 낙엽수이다. 한반도 대부분 지역에서는 여러해살이풀로 자랐으나 최근 지구온난화로 일부 남부 지방에서는 원래의 나무 모습을 되찾고 있다. 꽃 빛깔은 흙의 산도가 강하면 푸른빛, 약하면 등색, 중성이면 연한 분홍빛을 띤다. 최근에는 붉은빛, 푸른빛, 흰빛 계통의 품종이 육성되어 칠변화라는 이름은 맞지 않는다.

분화 소재

서유구는 수국을 마당과 화분에 심어서 꽃밭과 분화 소재로 썼다. 김윤식(1835~1922)은 붉은빛, 보랏빛, 흰빛 품종의 개량종 수국을 기르고, 수국 분화는 여름철에 흙이 담긴 화분에 줄기 꺾꽂이를 해서 그늘에 두고 물을 자주 주면 새 뿌리가 나는데 수국은 그늘과 습한 곳을 좋아한다. 김윤식(1835~1922)도 서유구와 비슷하게 여름철 화분의 흙에 수국줄기를 꺾꽂이 하여서 깨끗하고 시원한 그늘에 두고 물을 자주 주어서 새 뿌리를 유도하고 꽃을 피웠다. 김수철의 〈자양화도〉와 김은호의 수국 그림 등이 있다. 구한말 서울에서는 수국 분화를 마당의 공간 장식에 썼던 것으로 보인다.

꽃말은 원만한 아름다움이다.

아잘레아

아잘레아(azalea)는 서양철쭉이라고도 한다. 중국 원산으로 진달래과의 상록수로 한반도에서는 재배식물로 자란다. 꽃은 아름다우나 겨울 추위에 약해서 온실에서 분화로 기르는데 구한말 학교나 창경원 등의 온실에서 아잘레아 분화를 교육용과 관상용으로 길렀을 것으로 보인다.

앵두나무

함도(含桃)라고도 하였다. 중국 원산으로 장미과의 낙엽수로 한반도에서는 재배식물로 자란다. 고려 이규보는 앵두나무 열매는 미인의 붉은 입술같이 아름답다고 하였다. 강희맹은 앵두나무를 마당에 심어서 꽃밭 소재로 쓰고, 복사나무나 살구나무에 비하여 좁게 심어도 된다고 하였다. 홍만선, 이만부, 유박도 앵두나무를 마당에 심고, 유박은 앵두나무를 화목구품의 7품에 올렸다. 조선 후기에는 앵두나무를 민가 안마당에 심었다.

꽃말은 앵두 같은 입술이다.

영산홍

영산홍(暎山紅)은 붉은 꽃이 온 산을 붉게 물을 들인다는 뜻으로 식물의 종 이름이 아니다. 식물 이름이 제대로 알려져 있지 않았던 시절에 주로 산철쭉과 왜철쭉을 영산홍이라고 하였다. 강희안은 영산홍, 왜철쭉, 홍철쭉을 마당에 심었는데 영산홍은 산철쭉이고 홍철쭉은 철쭉나무로 보인다.

영춘화

영춘화(迎春花)는 노란 꽃이 잎보다 먼저 피고 개나리보다 빨리 피어서 영춘화라고 하였다. 중국 원산으로 물푸레나뭇과의 낙엽수로 한반도에서는 재배식물로 자란다. 강희안이 영춘화를 마당에 심어서 꽃밭 소재로 쓰고, 서유구도 영춘화를 마당에 심었다. 영춘화는 봄맞이꽃이라는 뜻의 일반 명사로도 쓰이고 있다.

옥매

산옥매(山玉梅), 흰 꽃이 겹으로 피어서 흰 겹꽃매화로도 불리었다. 중국 원산으로 장미과의 낙엽수로 한반도에서는 중남부 지방에서 재배식물로 자란다. 겹꽃은 중엽(重葉)이라고 하는데 옥매는 열매가 달리지 않아서 백매(百梅)나 천엽(千葉)이라고도 하였다(강희안). 충숙왕(1313~1330)은 원나라에서 가지고 온 옥매를 궁궐 마당에 심어서 꽃밭 소재로 썼다. 강희안은 옥매를 마당에 심어서 기르고 옥매를 화목구품의 8품에 올렸다. 옥매는 겹꽃이나 자태가 속되어 흰 홑꽃매화만 못하다(정약용).

별칭은 옥 같은 미인이다.

왜철쭉

왜척촉(倭躑躅), 꽃빛이 붉다 하여 왜홍(倭紅), 영산홍, 일본철쭉, 5월에 핀다 하여 오월철쭉이라고 한다. 일본 원산으로 진달래과의 상록수로 한반도에서는 재배식물로 자란다. 왜철쭉의 붉은빛은 연지보다 진하고(강희안). 진달래보다 늦게 피고 철쭉보다 빨리 피고(이수광), 산철쭉보다 아름답고(김창흡 1653~1722). 붉은빛과 흰빛이 있는데 흰빛은 귀하고 아름답다(김이만, 유박). 세종(1441)은 일본 대마도에서 바친 붉은 홑꽃 왜철쭉 분화를 공물로 받았다. 왕은 이 왜철쭉을 궁궐 안뜰에 심고 씨앗을 받으라고 하였다. 왜철쭉의 첫 도입 기록이다.

분화 소재

강희안이 궁궐에서 왜철쭉 씨앗을 구해 와서 화분과 마당에 나누어 심었다. 마당에 심은 왜철쭉은 겨울 추위를 견디지 못하고 죽었으나 움집에서 겨울을 난 분화는 살아남았다. 강희안은 왜철쭉의 내한성을 검정하고 왜철쭉을 화목구품의 3품에 올렸다. 연산군(1505)은 장원서와 팔도에 명을 내려 흙이 붙어 있는 왜철쭉을 바치라고 하였다. 중종 때에는 왜철쭉 분화가 널리 퍼졌는데 왜철쭉은 토분에 심어서 적당한 한기를 맞아야 오래 핀다고 하였다(이제신). 홍경모는 사의당에서 왜철쭉 분화를 길렀다.

촉성

궁궐에서 정원을 관리하는 장원서에서 한겨울에 꽃을 피운 왜
철쭉 분화를 성종(1471. 11. 21)에게 바치자, 왕은 인위적으로 만든
겨울 꽃은 자연의 섭리에 어긋난다며 받지 않았다. 보통 사람들은
겨울 꽃을 귀하게 여기는데 성종은 꽃을 보는 시각이 다른 사람들
과 달랐다. 하지만 기술적으로는 15세기에는 한겨울에 왜철쭉 분
화의 꽃을 피우는 촉성을 하였다.

꽃밭 소재

이수광, 홍만선, 유박은 왜철쭉을 마당에 심고, 유박은 왜철쭉을
화목구품의 2품에 올렸다. 조선 후기에는 민가 안마당에도 왜철쭉
을 심었다.

환전식물

겨울 추위에 약한 왜철쭉 분화는 희귀성이 있어서 비싼 책과 맞
바꾸고(이덕형, 죽창한화), 인기가 있어서 시장에서 비싼 값으로 판
매되고(김창업), 평양에서는 작은 집 한 채 값이었다(이헌경). 왜철
쭉은 우리나라 최초의 환전식물 곧 화훼작물이 되었다. 작물(crop)
은 경제성 있는 식물 농작물을 이르는 말이다.

영양번식

왜철쭉의 꽃 빛깔을 유지하며 꽃을 빨리 피우기 위하여 꺾꽂이

나 접붙이기를 하였다. 영양번식에 대한 개념이 있었던 것 같다.

별칭은 권세 있는 벗이고, 꽃말은 미인, 열렬한 사랑, 정열이다.

월계화

월계(月季), 일본에서는 경신(庚申)장미, 학명은 Rosa chinensis 이다. 중국 원산으로 장미과의 상록수로 한반도 남부 지방에서 재배식물로 자란다. 줄기에는 가시가 있고 초여름부터 가을까지 줄기 끝에 붉은 자주나 연분홍 꽃이 핀다(김인경 ?~1235). 강희안은 월계화를 마당에 심어서 꽃밭 소재로 쓰고 월계화를 화목구품의 3품에 올렸다. 유박도 월계화를 마당에 심었다. 월계화는 흙에다 꺾꽂이(박세당, 1676)를 하여서 번식을 하고, 장미 접붙이기의 대목으로 쓰였다. 베이징 월계화 축제(2021) 때의 월계화는 신사임당의 그림과 조선 민화와 같았다.

별칭은 어리석은 벗이다.

유자나무

유자(柚子)나무는 중국 원산으로 운향과의 상록수로 한반도에서

는 제주도(김정 1520~1521), 남해 등의 남부 지방에서 재배식물로
자라고, 전남 월출산 이북에서는 자라지 못한다(정약용).

분화 소재

궁궐의 어화원에는 한길이 넘는 큰 유자나무에 열매가 주렁주
렁 달렸다(이인로). 조선 초에도 유자나무가 궁궐에서 자라고 있었
다(세종실록 1426. 세조실록 1455). 고려와 조선 초에는 햇빛이 들어오
는 온실이 없었기 때문에 유자나무는 분화로 기르면서 봄부터 가
을까지는 궁궐 마당에 두고, 겨울에는 움집에서 겨울을 지냈을 것
이다. 유박도 유자나무 분화를 기르고 유자나무를 화목구품의 4품
에 올렸다.

환전식물

유자나무 분화는 서울에서 비싸게 거래되었다(이현경).

별칭은 영특한 벗이다.

장미

장미(薔薇)는 원래 자연에 존재하지 않았던 식물로, 장미속의 종
간교잡으로 만든 잡종이다. 중국에서 세계 최초로 8세기 말에 동
양계장미를 만들었으나 이 장미는 언젠가 사라지고, 지금은 1867

년 유럽에서 만든 이른바 서양계 장미를 장미로 부르고 있다. 현재 꽃가게에서 판매하고 있는 장미이다. 고려시대에는 노란빛, 보랏 빛 품종(최우)이 있었고, 충숙왕이 원나라에서 귀국을 하면서 노란 빛, 보랏빛 품종을 가지고 오고, 조선시대에는 노란빛, 붉은빛, 분 홍빛 품종(남계우)이 있었고, 구한말에는 흰빛 품종(김은호, 이한복, 이유태 1916~1999)이 등장한다.

꽃밭 소재

이규보, 최우와 정포는 장미를 마당에 심어서 꽃밭 소재로 쓰고, 충숙왕은 장미를 궁궐 마당에 심고, 강희안, 신숙주, 이만부, 유박, 민태훈(1855), 이유태 등도 장미를 마당에 심었다. 강희안과 유박 은 장미를 화목구품의 5품에 올렸다. 심사정, 김수규(18~19세기), 김익주(조선 후기)의 그림에 아름답게 핀 장미꽃이 있고, 조선 후기 에는 민가 안마당에 장미를 심었다. 장미는 월계화 대목에 접붙이 기를 하였다(서유구).

꽃꽂이

이한복의 〈기명절지도〉에는 흰 장미가 꽃병에 꽂혀 있고, 안중 식의 〈한일통상조약 기념 연회도〉에도 장미가 꽃병에 꽂혀 있다.

꽃 선물

김은호의 그림에는 한 여인이 흰 장미 여러 송이를 들고 걸어가

고, 또 다른 그림에도 한 여인이 흰 장미 여러 송이가 담겨 있는 꽃
바구니를 들고 가고 있다. 들고 가는 장미는 선물용으로 보인다.

환전식물

꽃꽂이와 꽃 선물에 쓰려고 꽃가게에서 장미를 구입하고, 꽃가
게에서는 장미 절화뿐 아니라 꽃다발, 꽃바구니 등의 꽃 장식품을
제작하여 판매를 하였다(1920~1930년대).

별칭은 좋은 벗, 벼슬을 하지 않고 초야에 묻혀 사는 벗, 아름다
운 여인이고, 꽃말은 미인, 꽃망울, 소녀 시절, 행복한 사랑, 흰 꽃
과 붉은 꽃이 섞으면 온정, 만개한 꽃 하나와 꽃봉오리 두 개를 섞
으면 비밀, 풀 속에 꽃 하나를 섞으면 소원 성취, 봉오리는 처녀 마
음이다.

정향나무

조선야정향(朝鮮野丁香), 정향(庭香)이라고 하였다. 한반도에서
나는 물푸레나뭇과의 낙엽수로 한국특산종이다. 향이 강하고(김창
업, 유박). 말린 꽃봉오리를 향신료로 쓰고, 강희안은 정향나무를 마
당에 심어서 꽃밭 소재로 쓰고, 허목, 홍만선, 김창업, 유박, 홍경모
도 정향나무를 마당에 심었다. 강희안과 유박은 정향나무를 화목

구품의 7품에 올렸다.

별칭은 그윽한 벗, 정다운 벗, 수수한 벗이다.

조릿대

산에서 난다 하여 산죽(山竹)이라고도 하였다. 한반도에서 나는 벼과의 상록수로 5~10년 주기로 꽃이 피고 열매를 맺고 죽는다(이정형 1549~1607). 원주 치악산 조릿대는 열매를 많이 맺는다고 하고 (이헌경), 허균은 조릿대를 마당에 심어서 꽃밭 소재로 쓰고, 조선 후기에는 조릿대를 마당에 심었다. 지금은 조릿대를 가로수로 쓰고 있다.

조팝나무

상산(常山), 꽃이 좁쌀 같이 작다 하여 서반화(黍飯花)라고 하였다. 함경도를 제외한 한반도 모든 지역에서 나는 장미과의 낙엽수이다. 이규보의 시에 조팝나무가 등장하고, 신경준은 조팝나무를 마당에 심어서 꽃밭 소재로 쓰고, 조선 후기에는 조팝나무를 민가 안마당에 심었다.

진달래

두견새 울 때 꽃이 핀다 하여 두견이나 두견화, 꽃잎을 먹는다 하여 참꽃이라고도 하였다. 진달래 이름은 『역어유해』(1690)에 처음으로 등장한다. 한반도에서 나는 진달래과의 낙엽수로 잎이 나기 전에 꽃이 피고 붉은빛과 흰빛이 있다. 붉은 진달래가 필때는 두견새의 피로 물들인 것 같고(정지상 ?~1135, 단종, 조세양), 한 폭의 비단 같고(세종 때의 정씨), 붉은 진달래꽃은 가을 단풍보다 아름답고(안민영, 김려), 산마다 피고(이은상), 바위 고개에도 피고(이흥렬), 봄의 선구자이고(박양팔 1930), 붉은 진달래꽃이 밟혀 영변의 약산을 못 오르네(노춘성)라고 하였다.

꽃 선물

성덕왕(702~737) 때 신라 최고의 미인 수로 부인(702~737)이 바닷가 절벽 위에 아름답게 핀 진달래꽃을 갖고 싶어 하자, 한 노인이 꽃을 꺾어 와서 꽃을 바치는 노래 헌화가를 부르며 부인에게 진달래꽃을 바쳤다. 꽃 선물의 첫 기록이다 원문에는 철쭉으로 등장하나 높은 절벽 위에 핀 꽃이 선명하게 보이는 철쭉 종류로는 잎보다 꽃이 먼저 피는 진달래뿐이다.

꽃밭 소재

고려 최승로(927~989)의 시에 보기 어려운 흰 진달래가 등장한다. 흰 진달래는 진달래의 변종이다. 강희안은 붉은빛과 흰 진달래를 마당에 심어서 꽃밭 소재로 쓰고, 유박과 서유구는 진달래를 마당에 심고, 홍경모는 사의당 마당에서 흰 진달래를 길렀다. 강희안은 흰 진달래와 붉은 진달래를 화목구품의 5품과 6품에 올리고, 유박은 빛깔을 구분하지 않고 진달래를 화목구품의 6품에 올렸다. 조선 후기에는 민가 안마당에 진달래를 심었다.

몸 장식, 꽃꽂이

조선시대에는 진달래꽃을 화관이나 꽃목걸이 소재로 썼다. 현일(1807~1876)은 진달래 꽃가지를 산에서 꺾어 와서 꽃꽂이 소재로 썼을 것이다.

환전식물

진달래 분화는 인기 상품으로 비싸게 거래되었다(이헌경).

별칭은 좋은 친구이고, 꽃말은 봄의 전령, 봄소식, 사랑, 선구자, 환하게 핀 봄 처녀, 수줍고 부끄럼 많은 새색시, 선녀, 순결, 여성마음, 절개, 지조, 이별, 탈속이다.

찔레나무

야장미(野薔薇), 들장미, 찔레라고 한다. 함경도를 제외한 한반도에서 나는 장미과의 낙엽수로 줄기에는 가시가 있고 5월에는 흰빛과 연붉은빛 꽃이 피고 향이 있다. 잡종 장미 탄생의 원종으로 쓰였다. 김홍도, 변상벽(1726?~1775) 등의 그림에 찔레가 등장하고, 조선 후기에는 찔레를 민가 안마당에 심었다.

별칭은 운치 있는 벗이다.

차나무

중국 원산으로 차나뭇과의 상록수로 한반도에서는 남부 지방에서 재배식물로 자란다. 늦가을 10~11월에 흰 꽃이 피고 이듬해 새 꽃이 필 때까지 열매가 달려 있다. 꽃과 열매가 만나는 희귀한 실화상봉수이다. 차는 차나무가 등장하기 전 신라 선덕여왕(632~647) 때에 있었고, 차(673)는 불전에 공양하고, 신라 보천왕자와 효명태자(681~692)는 오대산에서 매일 아침 문수보살께 차를 공양하고, 경덕왕 때의 충담 스님(765)은 해마다 중삼일(음력 3월 3일)과 중구일(음력 9월 9일)에는 경주 남산 삼화령의 미륵세존께 차를 공양하였다.

차밭 소재

흥덕왕 12월에 대렴(828)이 당나라에서 차나무 씨앗을 가지고 오자 왕이 씨앗을 지리산에 심으라고 하였다. 대렴이 차나무 씨앗을 지리산에 심어서 차밭이라는 새로운 경치를 만들었다. 무염 스님(839)도 강진 만덕산 자락에 백련사를 창건하고 주변에 차나무를 심었다. 지리산 차밭은 신라 때부터 만들기 시작하여 지금은 수많은 차밭이 지리산 자락에 있다.

꽃밭, 분화 소재

강희안은 차나무를 마당과 화분에 심어서 꽃밭과 분화 소재로 썼다. 정약용은 유배지인 강진 다산초당 주변에 차나무를 심어서 꽃밭 소재로 썼다(1808~1818). 조선 후기에는 민가 안마당에 차나무를 심었다. 화분에 넣어 둔 토란이나 무, 순무 등에 차나무줄기를 꺾꽂이한 다음 흙을 채우고 물을 주어서 꽃을 피워서 차나무 분화로 기르는 한편, 뿌리가 난 줄기는 마당이나 다른 화분에 심기도 하였다(박세당, 1676). 무 등을 활용한 것은 차나무와 동백나무 뿌리가 바로 뻗어서 옮겨심기가 쉽지 않았기 때문으로 보인다.

철쭉나무

척촉(躑躅), 홍척촉(紅躑躅), 철쭉이라고 하였다. 한반도에서 나는 진달래과로 낙엽수이다. 조선 태종(1405)이 창덕궁 부용지 주변에 철쭉나무를 심어서 꽃밭 소재로 썼다. 강희안은 철쭉나무를 마당에 심고 철쭉나무를 화목구품의 6품에 올렸다. 신경준(1744)도 철쭉나무를 마당에 심고, 조선 후기에는 민가 안마당에 철쭉나무를 심었다.

별칭은 세상을 등지고 산속에서 사는 벗이고, 꽃말은 봄이다.

치자나무

치자(梔子)나무는 담복(薝蔔), 월도(越桃), 임란(林蘭), 옥금화(玉金花)라고 하였다. 중국 원산의 꼭두각시과로 낙엽수이며 한반도에서는 경기도 이남에서 재배식물로 자란다. 맑고 깨끗한 흰 꽃이 피고 은은한 향이 있고 주황빛 열매도 아름답다. 신라 경덕왕(742~765)이 침단목으로 큰 기장이나 콩 반쪽만 한 불상 만 개를 만들고 작은 불상 사이사이에 치자 꽃 조화로 장식을 하여서 당나라 대종에게 선물로 보냈다. 조화이지만 치자나무 이름이 처음 등장한다.

분화, 꽃밭 소재

강희안이 치자나무를 화분에 심어서 분화 소재로 쓰고 치자나무를 화목구품의 5품에 올렸다. 서거정, 성현, 김인후, 김창업, 송환기 등도 치자나무를 화분에 심어서 길렀다. 치자나무 분화는 겨울 추위에 약해서 서울에서는 움집에서 겨울을 났을 것이다. 안평대군, 양산보, 이만부, 유박 등은 치자나무를 마당에 심어서 꽃밭 소재로 썼다. 유박은 치자나무를 화목구품의 3품에 올렸다. 치자나무의 겨울나기는 겨울옷을 입히거나 화분에 심어서 움집에서 보관하는 등의 배려가 있었을 것이다.

꽃 공양

충남 예산의 수덕사 대웅전 벽화(1038) 〈야생화공양도〉에는 치자 꽃이 수반에 담겨 있다.

환전식물

치자나무 분화는 서울 시장에서 비싼 가격으로 거래가 되었는데(김창업, 이옥), 치자나무는 꽃과 열매가 아름답고 열매는 노란빛 천연염색 소재로 쓸 수 있어서 이상적인 환전식물이라고 하였다(정약용). 치자나무를 비롯한 겨울 추위에 약하여 희귀성이 높은 동백나무, 배롱나무, 왜철쭉, 유자나무, 종려 분화 등은 남부 지방에서 생산하여 배, 등짐, 수레로 서울로 운반하여 왔다. 주문과 운반 비용이 비싸서 부르는 게 값으로 대나무, 기이한 둥치에 접붙이기

를 한 매화나무와 소나무, 열매 달린 살구나무와 석류나무 분화보
다 비싸게 거래되었다(이옥).

별칭은 곱고 깨끗한 벗, 고상한 벗, 겸손한 벗이고, 꽃말은 맑음,
깨끗함, 아름다움이다.

탱자나무

중국 원산의 운향과로 낙엽수이며 한반도에서는 중부 이남에서
울타리용으로 썼다. 중간키나무로 분류하기도 한다. 강희안은 탱
자나무를 마당에 심어서 꽃밭 소재로 쓰고, 신경준도 탱자나무를
마당에 심었다.

해당화

해당화(海棠花)는 매괴(玫瑰), 옥매괴玉玫瑰), 임금이 쫓아내지
않고 남겨 두었다 하여 어류화(御留花), 보장화(寶薔花)로도 불렀다.
한반도 바닷가에서 주로 나는 장미과의 낙엽수로 붉은 꽃이 피고
향은 암향, 미향, 청향이라고 하였다. 해당화는 모래 위에 펼쳐진
붉은 비단 같이 밝고 화려하고 아름답고 요염한 여인(설총, 고려 숙

종, 서거정, 김시습, 이정보, 서유구, 이세보 1832~1895)같다고 하였다.

설총의 「화왕계」는 꽃을 사람에 견준 창작설화로 왕인 모란이 궁궐에서 꽃을 피우자 장미와 할미꽃이 인사하러 왔다. 장미는 눈처럼 흰 모래밭을 밟고, 거울처럼 맑은 바다를 바라보며, 봄비로 몸의 먼지를 씻고, 맑고 상쾌한 바람을 쏘이며 자라 왔다며 자기 소개를 하고, 붉은 얼굴을 곱게 단장하고, 옥같이 하얀 이에, 싱싱하고 검푸른 나들이옷을 입고, 무희처럼 하늘거리며 사뿐히 걷고, 그윽한 향을 내는 요염한 여인으로 등장한다. 동해 바닷가에서 자랐다는 장미의 특성을 보면 장미속의 해당화와 똑같고, 세계 최초의 잡종 장미는 8세기 말 중국에서 만든 이른바 동양계 장미이므로 7세기에는 장미가 신라에 있을 수 없다. 조선의 이이순도 「화왕계」의 장미는 해당화라고 하였다. 「화왕계」의 장미는 해당화임에 틀림없다.

꽃밭 소재

고려 숙종(1095~1105)이 궁궐 마당에 해당화를 심어서 꽃밭 소재로 쓰고, 강희안과 서유구도 해당화를 마당에 심고, 강희안은 해당화를 화목구품의 7품에 올렸다. 이규보와 김종직의 해당화 시와 서거정의 해당화도로 봐서, 이들의 집 마당에도 해당화가 있었을 것이다. 조선 후기에는 해당화를 민가 안마당에 심었다.

별칭은 이름난 벗, 꽃의 선녀, 꽃말은 밝고 화려함, 운치 있는 사람, 잠자는 미녀, 요염한 미인, 유유자적, 소년, 위험, 이별이다.

협죽도

협죽도(夾竹桃)는 유도화(柳桃花)라고도 한다. 동남아, 서남아, 북아프리카 원산의 협죽도과로 상록수이고 한반도 남부 지방에서 재배식물로 자란다. 이규보의 시에 협죽도 꽃이 등장한다. 마당에 협죽도를 심어서 길렀던 것으로 보인다.

호랑가시나무

호랑(虎狼)가시나무는 호자(虎刺)이다. 한반도 전북 변산 이남에서 나는 감탕나무과의 상록수이다. 서유구는 호랑가시나무를 마당에 심어서 꽃밭 소재로 썼다.

황매화

매화꽃과 모양이 닮아서 황매라고 하기도 하고 체당화(棣棠花)라고도 하였다. 한반도 중부 이남에서 나는 장미과의 낙엽수로 줄기 끝에 노란 홑꽃이 핀다. 태종(1405)이 창덕궁에 부용지를 만들고 가산에 황매화를 심어서 꽃밭 소재로 쓰고 조선 후기에는 민가 안마당에 심었다.

회양목

화양목(華楊木), 황양목(黃楊木)이라고 하였다. 한반도에서 나는 회양목과의 상록수이다. 이황이 회양목을 마당에 심어서 꽃밭 소 재로 쓰고, 정구, 유박, 이명구도 회양목을 마당에 심었다. 유박은 회양목을 화목구품의 9품에 올렸다.

이 밖에 존재감이 낮은 작은키나무이다. 무화과, 산앵두가 구한 말에 등장하고, 수수꽃다리가 구한말 초등학교 교과서와 우표에 나타난다. 전나무가 고려와 조선시대에 등장하고, 제주조릿대가 조선 후기에 한라산을 완전히 덮었으며, 해죽(海竹)이 국화 등의 받 침대로 쓰였다.

중간키나무

중간키나무는 키가 2~5미터로, 소교목(小喬木)이라고 한다.

감귤

숙종(1674~1720)이 궁궐 마당의 귤나무를 감귤(柑橘)이라고 하였다. 일본 원산의 운향과로 상록수이고 한반도에서는 제주도와 남부 해안 지방에서 재배식물로 자란다. 감귤은 겨울 추위에 약해서 전북의 월출산 이북에서는 자라지 못한다(정약용). 김정희의 제주 유배지의 집이 감귤로 둘러싸여 있어서 집 이름을 귤중옥(橘中屋)이라고 하였다. 감귤 열매는 여름의 푸른빛에서 겨울에 노랗게 변하는 모습이 아름답고 맑은 향이 있다. 지금은 감귤을 주요 과수로 재배를 하고 있다.

분화 소재

고려시대 이인로가 궁궐에서 보니 왕이 즐겨 찾는 어화원에 열매가 주렁주렁 달린 감귤이 있고, 세종(1443) 때에는 일본에서 감귤 모종을 진상하였다. 감귤은 겨울 추위에 약해서 개성과 한양에서는 분화로 길렀다. 어화원의 감귤도 봄부터 가을까지는 마당에 두고 겨울에는 움집에 들였을 것이다. 강희안은 세종으로부터 하사받은 감귤 씨앗을 화분의 흙에 파종하여 싹을 틔워서 꽃을 피우고 열매를 관상하는 분화 소재로 썼다. 이후 분화는 꽃을 빨리 피우기 위하여 줄기 꺾꽂이를 하여서 뿌리가 나면 큰 화분에 옮겨 심었다.

하사품

문종(1450~1452)은 귀한 감귤을 하사품으로 쓰고 감귤 시를 짓게 하였다.

환전식물

감귤 분화는 희귀성이 있어서 서울에서는 인기 상품이었고(이헌경), 비싸게 거래가 되었다(이옥). 18세기에는 서울에서 감귤이 환전식물이 되고 화훼작물로 각광을 받았다.

별칭은 영특한 벗이고, 꽃말은 지조이다.

능금나무

능금(綾衾)나무는 임금(林禽)이라고도 하였다. 한반도 중부 이남에서 나는 장미과의 낙엽수이다. 이수광(1614)이 능금나무를 마당에 심어서 꽃밭 소재로 쓰고 조선 후기에는 능금나무를 민가 안마당에 심었다. 장승업의 〈능금서조도〉에 능금나무가 등장한다.

꽃말은 유감이다.

매화나무

매(梅), 매화, 매실(梅實)나무라고 한다. 중국 원산으로 장미과의 낙엽수이며 한반도에서는 남부 지방에서 재배식물로 자란다. 매화꽃은 연분홍을 띠는 흰 홑꽃으로 잎보다 꽃이 먼저 피고, 꽃은 꼭지 하나에 한두 송이가 피고 향이 강하다. 봄소식을 전하는 봄의 전령으로 우아하고 아름답고(안평대군), 눈 속에서 피거나 달빛에 비치는 청초한 모습과 물에 비치는 그림자가 아름답고 향으로도 꽃을 느끼며(유방선, 그윽한 향은 사람의 마음을 설레게 하고(이후백), 향이 뼛속까지 스며들고(홍만선), 달밤에도 은은하게 퍼지는 암향이고(권섭 1671~1759). 그믐날 활짝 핀 꽃의 향이 그윽하고(양상경 1903~1973?), 매화꽃은 천 번을 보아도 싫증이 나지 않으며(황현),

평생을 춥게 살지만 향을 팔지 않는다(신흠 1566~1628). 매화나무는 운치와 격조가 있고, 충성, 절개, 지조의 선비 정신을 상징하며 담백하고, 사군자의 하나로, 대나무, 소나무와 함께 세한삼우로도 불렸다.

탐매, 심매

조선시대에는 매화의 광풍이 일고 매화꽃을 자연에서 감상하는 풍습도 있었다. 이른 봄에 피는 매화꽃 구경을 넘어서, 한겨울 눈 속에서 피는 매화꽃 한두 송이를 찾아 헤매는 탐매, 심매를 즐기기도 하였다(이승소, 김시습). 심사정의 〈심매도〉, 최북의 〈파교심매도〉, 신잠과 김명국의 〈탐매도〉, 허유의 〈탐매도〉와 〈심매도〉가 있다.

다양한 이름

매화나무는 다양한 이름이 있었다. 꽃받침이 붉고 흰 꽃이면 백매(홍대용), 꽃받침이 푸르고 흰 꽃이면 청매(김시습, 유박), 녹악매(이규경)라고 하고, 꽃받침과 꽃잎이 모두 붉으면 홍매(유박), 겹꽃홍매는 열매를 맺지 못한다 하여 백엽매(강희안), 꽃이 아래를 향하면 도심매(이황)나 도수매라고 하였다. 흰 꽃 도수매는 도수백, 녹악매로 꽃이 아래를 향하면 녹악도심매(이만부), 꼭지 하나에 꽃 두 송이가 피면 원앙매(김수온), 원앙의 도심홍매(이규경) 등이 있고, 꽃이 동지 전에 피면 조매, 한겨울에 피면 한매, 눈 속에서 피면 설중매, 섣달에 피면 납매, 늦겨울에 피면 동매, 봄에 피면 춘매, 향이 강하면 향매, 누워있는 듯한 와룡매, 가지가 늘어진 수양매, 강가에서 자라는 강매, 구불구불하고 늙게 보이는 고매(허목, 신경준, 유박) 등이 있다. 눈 속에서 피는 청매는 얼음처럼 차갑고 옥처럼 맑고 깨끗한 이미지가 있어서 감히 범할 수 없는 정숙한 여인을 연상하게 하고(김시습), 이정귀(1564~1635)는 중국에서 향이 나는 겹꽃 홍매를 가지고 왔는데 겹꽃홍매는 매화나무의 변종으로 만첩홍매라고 한다. 매화나무의 홑꽃은 겹꽃보다 낫고(정약용), 이황의 도산서원과 사명당(1604)의 봉은사 매화당, 영조(1724~1776) 때의 정릉에는 도심매가 있었다. 이만부는 녹악도심매를 기르고, 김수온은 원앙 청매를 무척 사랑하였다.

꽃밭 소재

고려 문종(1046~1083)은 홍매와 겹꽃홍매를 궁궐 마당에 심고, 충숙왕은 홍매를 원나라에서 가지고 와서 궁궐 마당에 심고, 강회백은 지리산 단속사 마당에 매화나무를 심고, 김수온, 강희안, 정구, 허목, 이만부, 유박, 홍경모, 이명구, 황현 등도 집 마당에 매화나무를 심었다. 강희안과 유박은 매화나무를 화목구품의 1품에 올렸다. 정구는 짚으로 엮은 작은 집에 살면서 매화나무를 많이 심고 백매원이라고 하고, 조선 후기에는 민가 안마당이나 사랑방 앞마당에 홍매를 심었다.

분화 소재

이규보는 매화나무를 화분에 심어서 분매로 기르고, 정몽주, 이원(1368~1429), 김수온, 강희안, 서거정, 이행(1478~1534), 김안로, 소세양(1486~1562), 이황, 김성일, 심희수(1548~1622), 이수광, 정경세, 조찬한(1572~1631), 이식, 오준, 김응조(1587~1667), 고영후(1680), 이노민(1704), 홍경모 등도 분매를 즐겨 길렀다. 강희안의 〈절매삽병도〉에는 네모난 큰 화분에 늙은 매화나무가 심겨 있고, 이황은 매화 사랑이 남달라서 분매를 늘 곁에 두었는데 임종을 하면서 분매에 물을 주라는 유언을 남겼다. 분매는 이끼를 만들어서 고풍스러운 멋을 내고, 분갈이는 나무의 크기가 커지면 봄에 큰 화분으로 옮겨 심었다(박세당, 1676). 그러나 큰 나무를 화분에서 기르기에는 한계가 있어서 분화를 포기하거나 분재를 하였을 것이다.

촉성

이규보는 분매의 꽃을 한겨울에 피웠다. 개화 시기를 제때보다 앞당기는 우리나라 첫 촉성(forcing)기록이다. 조선의 강항(1567~1568)은 낮에는 빛을 쬐고 밤에는 방에 들이고 따뜻한 물을 주어서 한겨울에 분매의 꽃을 피웠다. 김수온, 박장원(1612~1671), 홍태유(1672~1715)는 온돌방 안에 만든 감실, 매감, 매실, 매옥, 매합으로 불린 매화 집에서 한겨울에 피는 납매를 만들고, 매화나무의 잘린 가지(절지)에서도 섣달에 꽃을 피웠다. 분매와 매화나무 절지의 촉성은 중국도 따를 수 없는 세계 최고였다(정극순 1700~1753). 어떻게 한겨울에 꽃을 피웠을까? 매화나무를 비롯한 낙엽수의 꽃눈은 겨울에 자발휴면과 강제휴면을 한다. 전자는 스스로 잠을 자는 휴면이고, 후자는 잠에서 깨었지만 외기 온도가 낮아서 잠을 자는 체하는 휴면이다. 자발휴면 기간은 보통 4~5도에서 6~8주간이고 강제휴면 기간은 자발휴면이 끝나고 따뜻한 봄이 올 때까지이므로, 강제휴면기에는 분화와 절지를 따뜻한 곳으로 빨리 옮길수록 꽃이 일찍 피게 된다. 촉성의 원리이다.

나무 모양

분매는 수척한 가지에 꽃이 드문드문 피어서 운치와 격조가 있고, 줄기가 구불구불하고 고풍스러운 홑꽃 고매를 명품으로 꼽았다(조성 1492~1555, 이덕무). 정국순(1700~1733)은 산에서 자라는 복사나무나 살구나무 고목의 줄기를 베고 그루터기에 매화나무 접수를 붙여서 화분에 심었으며, 유박은 이끼 낀 고매에는 청매가 어울린다고 하였다. 서유구는 매화나무, 복사나무, 사철나무, 살구나무나 오얏(자두)나무 등의 기이한 둥치에 매화나무를 접붙여서 거북, 용, 학, 중머리, 살구나무, 구불구불하거나 세 봉오리 모양의 분매를 만들고 거북매, 용매, 학매, 승매, 행매, 구곡매, 삼봉매라고 하였다.

삼색 매화

이헌경(1851~?)은 매화나무 한 그루에서 붉은빛, 분홍빛, 흰빛의 세 빛깔의 꽃이 같이 피는 삼색 매화를 만들었는데 이 과정에서 홑꽃과 겹꽃이 같이 피는 매화나무도 만들어졌을 것이다.

변색 매화

매화나무의 흰 꽃을 검은빛과 검은 반점이 있는 묵매와 쇄묵매, 그리고 붉은빛 진한 홍매를 만들었다. 검은빛은 멀구슬나무 대목에 접을 붙이고, 붉은빛은 사철나무 대목에 접붙이기를 하여서 만들었다.

번식

접붙이기와 휘묻이를 하였다. 대목은 매화나무 씨앗에서 자란 실생묘를 주로 썼으며(박세당, 1676). 유박은 화분에 미리 심어 놓은 대목용 나무에 절접, 합접, 할접, 의접, 아접 등의 방법으로 접붙이기를 하고 대목과 접수의 형성층이 서로 연결되면 불필요한 가지는 잘라내었다. 휘묻이(layering)는 큰 매화나무의 긴 가지를 휘어서 땅에 묻고 새싹과 새 뿌리가 나면 원가지를 잘라서 한 그루의 새로운 개체를 얻는 방법이다.

꽃꽂이

강희안의 〈절매삽병도〉에는 매화나무 절지가 꽃병에 꽂혀 있다.

임경업(1594~1646)의 초상화 배경에는 탁자 위의 꽃병에 꽂힌 매화나무 절지가 있고, 심사정(1764)의 〈선유도〉에는 탁자 위의 꽃병에 홍매 절지가 꽂혀 있고, 조희룡의 〈매화서옥도〉에는 글방 주변에 매화가 만발하고 글방 안 탁자 위에는 홍매 절지가 꽃병에 꽂혀 있다.

머리 장식

김은호의 그림(1920년대)에는 한 여인이 달밤에 꽃으로 머리를 장식하고 흰 꽃이 활짝 핀 매화나무 아래에 서 있다.

환전식물

기이한 둥치에 접붙이기를 한 특이한 모양의 늙은 노매 분화는 서울에서 비싸게 거래가 되었다(이헌경, 이옥).

별칭은 고고한 선비, 숨어 사는 선비, 절조, 최고 미인, 속되지 않은 청유한 스님, 맑고 깨끗한 벗, 깨끗한 손님, 겨울 손님이며, 고매는 오랜 벗, 납매는 뛰어난 벗이다.

꽃말은 가냘프고 청순한 모습에 수수하고 엷게 화장한 미녀, 아름다운 여인, 군자, 빙옥처사, 옥 같은 선녀, 차가운 아름다움, 꽃의 형, 꽃의 우두머리, 가난한 선비, 사랑의 매개물, 고고함, 그리움, 봄의 전령, 불굴, 절개, 정절, 지조이다.

한국의 꽃 역사 이야기

복사나무

도(桃), 복숭아나무이다. 중국 원산으로 장미과의 낙엽수로 함경북도를 제외한 한반도 모든 지역에서 재배식물로 자란다. 연분홍 꽃이 잎보다 먼저 피고 향은 하늘 향, 은은한 향, 가벼운 향이라고 하였다. 비바람에 흩날리는 붉은 꽃잎의 운치가 일품이고, 복사꽃은 요염한 미인, 가랑비에 젖은 복사꽃은 아름다운 여인의 눈물, 반쯤 핀 복사꽃은 아리따운 처녀, 곱고 부드러운 동양적인 미인, 벽도와 홍도는 근심을 잊게 하는 꽃, 삼색도는 풍류랑 등으로 묘사되었다. 산과 개울에 핀 복사꽃 군락지는 평화롭고 푸근한 고향 같고, 신비로운 낙원이자 이상 세계의 무릉도원이 따로 없다고들 하였다.

꽃밭 소재

전북 변산 금산사(773) 마당에 복사나무가 자라고 있었다. 복사나무를 일부러 심었을 것이다 고려 충숙왕이 원나라에서 귀국을 하면서 흰 벽도와 붉은 홍도를 선물로 받아와서 궁궐 마당에 심었을 것이다. 강희안은 복사나무를 마당에 심고, 벽도와 홍도, 삼색도를 모두 화목구품의 5품에 올렸다. 홍만선, 이동언(1662~1708), 이만부, 유박, 서유구, 이명구도 복사나무를 마당에 심었다. 유박도 복사나무를 화목구품의 5품에 올렸다. 조선 후기에는 흰 홑꽃 벽도는 민가 안마당에 심고 붉은 홍도는 부녀자가 바람난다며 담장 밖 동남쪽에 심었다. 조선시대에는 모든 화가들이 복사꽃의 아름다움을 화폭에 담을 만큼 복사꽃 그림이 많고, 시나 글, 노래에도 복사꽃이 많이 등장한다.

이색도, 삼색도, 소도

복사나무 한 그루에서 두 빛깔의 꽃이 피면 이색도, 홍도, 벽도 등 세 빛깔의 꽃이 피면 삼색도, 꽃이 버들가지 사이로 보일 만큼 꽃이 작은 홍도는 소도라고 하였다. 강희안이 이색도와 삼색도를 만들고, 이항복의 사위와 김수장(1690~?)은 삼색도의 아름다움을 노래하고, 이동언의 집 마당에 이색도와 삼색도가 있었다. 이색도와 삼색도는 복사나무에 꽃 빛깔이 다른 품종을 접붙이고, 소도는 수양버들 대목에 홍도를 접붙이기하였다. 자연에 존재하지 않았던 이들 특이한 복사나무는 인기 품목이었으나 품종이 아니므로 유전이 되지 않는다.

조화

정조(1752~1800)는 회갑을 맞은 어머니 혜경궁 홍씨에게 복사꽃(조화)을 선물하였다.

별칭은 절조가 없는 좋지 않은 벗, 어여쁜 벗이고, 꽃말은 미인, 사랑, 신통, 봄, 화사함, 장수, 벽사, 사랑의 매개물, 간신, 변절자(선우협 1588~1653)이다.

석류나무

안석류(安石榴)라고 하였다. 이란, 아프가니스탄, 인도 등 따뜻한 지방 원산으로 석류나뭇과의 낙엽수로 한반도에서는 남부 지방에서 재배식물로 자란다. 붉은빛 홑꽃과 겹꽃이 있다. 겹꽃은 귀해서 인기가 있으나 맵시는 홑꽃만 못하다(최충). 열매가 달리는 홑꽃의 인기가 높았다.

다양한 이름

중국에서는 석류나무가 신라에서 왔다 하여 나류(羅榴), 바다를 건너왔다 하여 해류(海榴)나 해석류(海石榴)라고 하고 하였다(이백 701~762, 중국 태평광기 977). 고려에서는 열매가 달리지 않는 겹꽃석류나무를 꽃잎이 많다는 뜻에서 백엽(百葉)이나 천엽(千葉)이라 하고(문종 1046~1083, 이규보, 성석린 1338~1423), 꽃만 즐긴다 하여 꽃 석류라고도 하였다(서거정, 허균, 김창업). 충숙왕은 원나라에서 열매가 달리는 겹꽃 중엽(重葉)석류를 가지고 왔다. 이 석류나무는 반 겹꽃인지 알 수 없다. 훗날 유박과 한치윤(1765~1814)은 신라에서 중국으로 간 해류는 붉은 겹꽃의 꽃 석류라고 하였다. 18세기 조선에는 홑꽃석류나무인 왜류로 불린 일본석류와 흰 열매가 달리는 수정류가 일본에서 들어왔다. 정약용이 젊은 시절에 살았던 집에는 홑꽃 왜류와 겹꽃 해류 등이 있었고, 줄기가 위를 향해 뻗

는 홑꽃 석류나무인 능장류(稜杖榴)도 있고(한치윤), 구한말에는 홑
꽃과 겹꽃, 키가 작은 왜성과 큰 고성 품종이 있었다(문일평).

꽃밭 소재

최충은 집 마당에 석류나무를 심어서 꽃밭 소재로 썼다. 문종
(1046~1083)은 석류나무를 궁궐 마당에 심고, 의종은 궁궐 마당에
핀 석류꽃을 감상하고 신하들에게 시를 짓게 하고, 이규보는 석
류나무를 마당에 심고, 충숙왕은 원나라에서 가지고 온 겹꽃석류
나무를 궁궐 마당에 심고, 성석린(1338~1423)도 석류나무를 마당
에 심고, 조선의 강희안, 허균, 이만부, 유박, 정약용은 석류나무
를 마당에 심었다. 강희안은 석류나무를 화목구품의 3품에 올리
고, 유박은 겹꽃 해류를 2품, 홑꽃 석류나무를 5품에 올렸다. 정조
(1776~1800)는 궁궐안뜰과 바깥마당에 석류나무 여러 그루를 심
고, 신위는 왜류를 마당에 심었다.

분화 소재

이규보는 석류나무를 화분에 심어서 분화 소재로 썼다. 개성과
서울에서 석류나무 분화는 봄부터 가을까지는 마당에서 기르고
겨울에는 움집에서 관리하였을 것이다. 성현과 김안로도 석류나무
를 화분에 심어서 기르고, 정조(1776~1800) 때에는 궁궐에 석류나
무 분화가 오륙백 개나 있었고, 성해응(1760~1839)은 임금이 잠을

자는 전각 앞마당에 석류나무 분화를 여덟 줄로 배치하고, 홍경모도 사의당 마당에서 석류나무 분화를 길렀다.

촉성

이규보와 같은 시대 사람인 최공이 겹꽃석류나무 분화의 꽃을 한겨울에 피웠다. 석류나무 분화의 꽃을 제때보다 빨리 피운 첫 촉성기록이다. 최공은 보기 드문 겨울 꽃을 같이 보고 즐기려고 친구들을 초대하였는데 이규보는 인위적으로 만든 겨울 꽃은 자연의 섭리에 어긋난다며 좋아하지 않았다.

나무 모양

석류나무 가지를 구부리고 펴서 늙은 매화나무나 노송처럼 줄기가 구불구불하여 늙게 보이는 석류나무 노류를 만들고, 반송처럼 위가 둥그스름하여 덤불 모양, 나무 위가 뾰족한 잣나무 모양, 기둥 모양의 석류나무도 만들었다. 줄기가 구불구불한 늙은 석류나무 노류의 인기가 가장 높았다(송타 1567~1597).

기술

석류나무는 물을 좋아하나 열매가 달릴 때에는 관수량을 줄이고, 겨울에는 움집에서 갈무리를 하였다. 그리고 겹꽃석류나무, 열매를 맺지 못하는 이른바 꽃 석류는 조선 말에도 있었는데, 꽃 석류를 꺾꽂이나 접붙이기 등의 영양번식법으로 증식하여 왔다는 뜻이다. 석류나무는 절접, 할접, 아접, 거접 등의 방법으로 접붙이기를 하는데 주로 같은 종의 씨앗에서 자란 실생묘를 대목으로 썼다(박세당, 1676).

환전식물

석류나무 분화는 열매를 맺는 홑꽃이 겹꽃보다 인기이고, 열매 달린 분화는 인기가 높았다(이헌경). 열매를 맺는 붉은 홑꽃 석류나무 분화는 시장에서 비싼 값으로 거래되었다(이옥). 석류나무가 화훼작물이 되었다.

별칭은 아리따운 벗, 정다운 벗, 구수한 손님, 예쁜 계집종, 운치 있는 꽃이고, 꽃말은 아름다운 여인, 불꽃, 다홍치마, 비단 주머니, 다산, 번창, 번영이다.

소철

소철(蘇鐵)은 일본 큐슈에 분포하는 소철과의 상록수로 한반도 남부 지방에서 재배식물로 자란다. 유박이 소철을 마당에 심어서 꽃밭 소재로 쓰고 소철을 화목구품의 4품에 올렸다. 조선 후기에는 소철을 민가 안마당에 심었다.

아그배나무

삼엽해당(三葉海棠), 잠에서 덜 깬 양귀비를 아그배나무 꽃에 비유하고 잠을 자는 꽃 수화(睡花)라고 하였다. 한반도 황해도 이남에서 나는 장미과의 낙엽수로 붉은 꽃이 아름답고 화려하고(안평대군) 향이 없다(안사형). 조선의 태종(1405)이 창덕궁에 부용지를 만들고 가산에 아그배나무를 심어서 꽃밭 소재로 썼다. 강희안, 유박, 민태훈(1855)도 아그배나무를 마당에 심었다. 강희안과 유박은 아그배나무를 화목구품의 5품에 올렸다. 조선 후기에는 아그배나무를 민가 안마당에 심었다. 아그배나무는 매화나무(안사형)나 돌배나무 대목에 접을 붙여서 번식을 하는데 앵두나무를 대목으로 쓰면 개아그배나무(서부해당, 수사해당垂絲海棠)가 된다(이용휴 1708~1782)고 하였다.

별칭은 얌전한 벗, 이름난 벗이고, 꽃말은 진품, 미인의 잠, 창기이다.

위성류

중국 원산으로 위성류(渭城柳)과의 낙엽수이며 한반도 중부 이남에서 재배식물로 자라고, 꽃이 아름답다(이옥). 유박이 위성류를 마당에 심어서 꽃밭 소재로 썼다.

자귀나무

밤에는 잎이 합쳐진다 하여 합혼수(合婚樹), 합환수(合歡樹), 합환목(合歡木) 야합수(野合樹)라고 하였다. 한반도 황해도 이남에서 나는 콩과의 낙엽수이다. 신경준이 자귀나무를 마당에 심어서 꽃밭 소재로 쓰고 조선 후기에는 자귀나무를 민가 안마당에 심었다.

꽃말은 부부간의 애정이다.

함박꽃나무

난(蘭), 목란(木蘭), 산목련(山木蓮), 산목단, 산목란, 천녀화(天女花)라고도 하였다. 한반도에서 나는 목련과의 낙엽수이다. 가야 수로왕(48)이 함박꽃나무로 만든 노를 저어서 인도 공주 허황옥을 맞이하고, 허난설헌의 「채련곡」에 함박꽃나무로 만든 배 난주가 등장한다.

이 밖에 존재감이 낮은 중간키나무이다. 꽃아그배나무가 조선시대에 등장하고, 라일락이 구한말에 들어오고, 산복사 꽃이 신라 경주에서 활짝 피고, 월계수가 구한말에 등장한다.

큰키나무

큰키나무는 굵은 줄기 하나가 분명하고 키가 5미터 이상 자라는 나무로, 교목(喬木, tree)이라고 한다.

감나무

시(柿)이다. 한반도 중부 이남에서 나는 감나무과의 낙엽수로 꽃과 열매가 예쁘다. 정몽주는 감나무를 화분에 심어서 분화 소재로 쓰고, 강희안, 허목, 유박, 이명구는 감나무를 마당에 심어서 꽃밭 소재로 썼다. 강희안과 유박은 감나무를 화목구품의 9품과 5품에 올렸다. 조선 후기에는 감나무를 민가 안마당에 심었다. 조선시대에는 나무 밑에 떨어진 감꽃을 실로 꿰어서 목걸이를 만들어서 목에 걸고 다녔다.

계수나무

계수(桂樹)나무는 성수(聖樹), 선수(仙樹)라고 하였다. 한국, 일본, 중국에 분포하는 계수나뭇과의 낙엽수이다. 가야 수로왕(48)이 계수나무로 만든 돛대를 세우고 인도 공주 허황옥을 맞이하고, 강희안이 계수나무를 마당에 심어서 꽃밭 소재로 썼다.

별칭은 고상한 벗이고, 꽃말은 영원한 삶이다.

금송

금송(金松)은 일본 원산으로 삼나무과의 상록수로 한반도에서는 남부 지방에서 재배식물로 자란다. 강희안이 금송을 마당에 심어서 꽃밭 소재로 쓰고, 금송을 화목구품의 2품에 올렸다. 이명구는 밀양에서 금송을 마당에 심었다.

녹나무

한국, 일본, 대만, 인도네시아 등에 분포하는 녹나뭇과의 상록수로 한반도에서는 제주도와 남부해안에서 자란다. 허목이 녹나무를 마당에 심어서 꽃밭 소재로 썼다.

느티나무

괴수(槐樹), 괴목(槐木)이라고 하였다. 한반도 중부 이남에서 나는 느릅나뭇과의 낙엽수이다. 백제 궁궐에서 자라던 큰 느티나무(48)가 말라서 죽고 다음 달에 신하가 죽고, 신라 현령 천덕은 의리 없이 사느니 죽는 것이 낫겠다며 큰 느티나무에 달려가서 부딪혀 죽고(611), 백제 궁궐의 느티나무가 곡을 하듯이 울고 이듬해 백제가 멸망하였다(660). 홍만선이 느티나무를 마당에 심어서 꽃밭 소재로 썼다. 느티나무는 우리나라 마을 주변에서 잘 자라는데 나무가 커서 당산목, 신목, 녹음수 등으로 쓰였다.

능수버들

고려수양(高麗垂楊), 조선수양(朝鮮垂楊), 양유(楊柳)라고 하였다. 한국, 중국에 분포하는 버드나뭇과의 낙엽수이다. 이수광(1634)의 『지봉유설』에 등장하고, 남유용(1698~1773)이 능수버들을 마당에 심어서 꽃밭 소재로 쓰고, 정약용도 능수버들을 마당에 심었다. 김수철의 그림 제목에 능수버들이 등장한다.

단풍나무

한반도 중부 이남에서 나는 단풍나무과의 낙엽수이다. 조선의 태종(1405)이 창덕궁에 부용정과 부용지를 만들고 가산에 단풍나무를 심어서 꽃밭 소재로 썼다. 강희안과 유박은 단풍나무를 마당에 심었다. 강희안과 유박은 단풍나무를 화목구품의 4품과 7품에 올렸다. 조선 후기에는 민가 연못의 가산, 안마당, 사랑방 앞마당에 단풍나무를 심었다. 오이익(1618~1667)은 단풍나무를 화분에 심고 돌과 함께 길렀다.

대나무

죽(竹)이다. 키가 큰 왕대속의 분죽, 오죽, 왕대, 죽순대 등을 뭉뚱그리는 속 수준의 이름이다. 중국 원산으로 벼과의 상록수이며 한반도에서는 남부 지방 마을 부근에서 재배식물로 자란다. 대나무는 50~100년 주기로 꽃이 피고 열매를 맺으면 말라서 죽고, 씨앗이 땅에 떨어지고 6년이 지나면 새로운 대나무 숲이 생긴다(박세당, 1676). 대나무는 씨앗이 50~100년 만에 맺으므로 포기나누기로 번식을 하는 특이한 식물이다. 남부 지방인 경주 남산(672)에 대나무가 많이 자라고, 신라 도선 스님(827~898)의 어릴 적 집 앞에 대숲이 있고, 신라 경문왕(861~875) 때 도림사의 대숲 등이 있었다. 신라 사람들은 마을이나 산, 절 주변에 대나무를 많이 심었다.

대나무는 국화, 난초, 매화나무와 함께 사군자로 불렸다. 밝은 달이나 햇빛에 비치는 대나무 그림자가 신비롭고, 바람에 일렁이는 대나무 숲과 대숲을 스치는 바람소리가 아름다우며, 대숲은 서리가 와도 눈이 와도 아름답고, 대숲은 계절과 하루의 시간대에 따라서 아름다움이 다르고(정지상, 나옹 1320~1376, 이색, 정도전 1342~1398, 유방선, 엄흔 1508~1553), 대나무는 복사꽃, 오얏꽃, 연꽃처럼 화사하지 않으나 곧고 고고하고 사철 푸른 절개와 지조가 있어서 아름답고(안축 1282~1348, 유방선), 대나무 잎은 아래를 향하고, 줄기는 바르고 단단하여 꺾이지 않고, 속이 비어 있고, 마디가 있어서 선비기질에 맞고, 우아한 품격이 있어 군자로 대접을 받았다(원천석 1330~?, 이숭인, 이신의 1551~1627).

조경 소재

최치원(895 무렵)은 경치 좋은 산 아래나 강가, 바닷가에 정자를 짓고 주변에 대나무를 심었다. 대나무를 옮겨 심은 첫 기록이자, 대나무의 포기나누기의 첫 기록이기도 하다.

분화 소재

이인로는 대나무를 화분에 심어서 분화 소재로 쓰고, 화분에 심긴 대나무를 분죽(pot bamboo)이라고 하였다. 대나무가 술에 취하여 옮겨 심어도 모른다는 죽취일(5월 13일)에 대나무를 옮겨 심었다. 대나무의 이식 시기를 특정하였다. 이규보는 대나무를 화분에 심고 분화(potted flower, pot flower)라고 하였다. 분화 용어의 첫 등장이다. 최자(1188~1260, 1254)는 대나무의 분화용 상토로 모래는 적합하지 않다고 하고, 정몽주는 대나무를 비롯한 난초, 매화나무, 소나무 분화, 이원(1368~1429)은 대나무, 매화나무 분화를 길렀다. 하연 부인의 초상화 배경에는 둥근 화분에 심긴 대나무와 늙은 소나무 노송이 있다. 최북(1753)의 〈화훼도〉, 임희지(1765~?)의 〈난죽석도〉, 강세황(1790)의 〈난죽도〉에는 대나무 분화 그림이 있다. 고려 때에는 개성과 서울의 겨울 추위 때문에 대나무를 분화로 길렀다.

꽃밭 소재

강희안이 대나무를 마당에 심고, 이황, 이만부, 신경준, 유박, 정약용 등도 대나무를 마당에 심었다. 강희안과 유박은 대나무를 화목구품의 1품에 올렸다. 신사임당, 이암(1507~1566), 엄흔(1508~1543), 이산해, 안견(조선 전기 ?~?), 어몽룡(1566~1617), 이징(1581~?), 이기룡(1600~?), 김세록(1601~1689), 유덕장(1675~1756),

정선, 심사정, 김홍도, 김득신(1754~1824), 조희룡(1789~1866), 허련(1809~1892), 장승업, 김진우(1883~1950), 허백련 등의 대나무 그림이 있다. 집 마당에 심긴 대나무는 겨울옷이나 목토 등으로 겨울 추위를 견딘 것 같다.

꽃 장식

신라 유례왕(297) 때 이서국이 경주를 공격해 오자 댓잎을 귀에 꽂은 죽엽군이 나타나서 적군을 물리쳤다. 댓잎을 잘라서 아군표식을 하였으나 자연스레 몸 장식도 되었을 것이다. 대나무의 잘린 잎 절엽을 활용한 첫 기록이다.

꽃꽂이

임경업(1594~1646) 장군의 초상화 배경에는 탁자 위에 대나무 절지가 꽃병에 꽂혀 있고, 전통 혼례 때의 초례상 양쪽에는 대나무와 소나무를 꽃병에 꽂아서 상화로 두었는데 상화는 테이블 장식용 꽃이라는 뜻이다.

환전식물

대나무 분화는 인기상품으로 비싸게 거래되었다(이헌경).

별칭은 군자, 욕심 없는 벗, 맑은 벗이고, 꽃말은 군자, 절조, 불의, 강건, 불변, 단결, 의협심, 벽사, 평안, 고향 소식, 효도이다.

대추나무

대조(大棗), 조(棗)이다. 유럽남부와 서남아시아 원산으로 갈매나무과의 상록수로 한반도에서는 남부 지방에서 재배식물로 자란다. 가야 수로왕의 왕비가 된 인도 공주 허황옥(48)이 김해에 오면서 대추나무 씨앗을 가지고 왔다. 대추는 우리나라에서 매실, 밤, 배, 복숭아, 오얏(자두), 잣, 호두와 함께 8과로 꼽았다. 강희안이 대추나무를 마당에 심어서 꽃밭 소재로 쓰고, 홍만선, 이만부도 대추나무를 마당에 심었다. 조선 후기에는 대추나무를 민가 안마당에 심었다.

동백나무

동백(冬柏)이다. 우리나라에서는 오랫동안 동백과 산다(山茶)로 불리었다. 동백은 이규보, 채홍철(1262~1340), 성삼문, 윤선도, 유박, 산다는 강희안, 신숙주, 안평대군, 이육(1438~1498), 홍만선, 정약용, 서유구 등이 선호하였으나 조선 후기에는 지금의 이름으로 통일되었다. 동백나무는 한반도 남부 해안이나 섬에서 나는 차나뭇과의 상록수로 붉은 홑꽃과 겹꽃이 있고 개화기가 빠르고 늦은 꽃도 있었다. 늦겨울이나 이른 봄 눈 속에서 피는 동백꽃은 매화꽃, 복사꽃, 오얏꽃보다 아름답고(이규보, 성삼문, 윤선도), 섣달그믐 쯤에 반쯤 핀 붉은 동백꽃은 고고하고(신숙주), 동래 동백정의 산다화는 동양 최고로 아름답고(이육). 강진 만덕산 백련사 개울가에 쌓인 동백꽃은 들불처럼 아름답고(임억령 1496~1568, 정약용), 허백련은 동백나무를 매화나무, 수선화와 함께 군자의 세 벗이라고 하고, 충렬왕(1274~1308)은 김해 한 마을에서 자라는 동백에게 장군 칭호를 내리고, 충선왕(1298, 1308~1313)은 유배 중인 채홍철(1262~1340)의 동백 시를 읽고 그를 다시 등용하였다.

당나라에서는 동백을 산다, 열은 붉은빛은 천홍산다, 신라에서 바다를 건너왔다 하여 해홍(이백 701~762), 송나라(977)에서는 개화 시기가 매화와 같다 하여 다매라고 하고, 일본에서는 동백을 춘, 애기동백을 다매나 산다화라고 한다.

품종

이규보는 홑꽃과 겹꽃 동백을 기르고, 충숙왕(1325)은 원나라에서 귀국하면서 겹꽃동백을 가지고 오고, 강희안도 겹꽃동백의 보주다와 석류다를 기르고, 임진왜란(1596) 때에는 울산 학성에서 자라는 다섯 빛깔의 오색겹꽃을 왜군이 가져갔는데 1992년에 두세 빛깔의 반점 있는 오색겹꽃 2세가 일본에서 돌아오고, 겹꽃동백이 프랑스로도 갔다(1794~1810). 정약용은 눈 속에서 피는 붉은 홑꽃을 일념홍이라 하고, 이동언, 유박, 정약용은 늦게 피는 동백을 춘

백이라 하고, 분홍빛 홑꽃 춘백은 궁분다라고 하였다(정약용). 홍도
와 거문도에서 자라는 흰 동백은 동백의 변종인데 이규보는 흰 동
백을 서상화라 하고, 신명연의 그림에 흰 동백이 등장한다.

꽃밭 소재

신라의 도선 스님(864)은 전남 광양 백계산에 옥룡사를 창건하
고 동백나무를 절 마당에 심어서 꽃밭 소재로 썼다.

분화 소재

동백나무는 겨울 추위에 약해서 개성과 서울에서는 꽃밭 소재
로 쓸 수 없었다. 대신에 이곳에서는 동백 분화가 발달한다. 고려
이규보의 집에는 겹꽃동백이 있고 고려 13세기 초에는 겹꽃동백
이 널리 퍼졌다(한림별곡). 이것은 겹꽃동백을 화분에서 심어서
분화로 길렀을 것이다. 동백 분화를 봄부터 가을까지는 마당에서
기르고 겨울에는 움집에서 관리를 하였을 것이다. 강희안도 동백
을 화분에 심어서 분화로 기르고 동백을 화목구품의 4품에 올렸
다. 동백 분화의 첫 기록이다. 조선 중후기의 이만부와 유박은 동
백을 화분에 심어서 분화 소재로 쓰고, 동백을 화목구품의 3품에
올렸다.

번식

동백나무는 화분에 넣어 둔 토란이나 무, 순무 등에 줄기를 꺾

꽂이한 다음 흙을 채우고 물을 주어서 꽃을 피우는 한편, 마당이나 다른 화분으로 옮겨심기도 하였다(박세당, 1676). 겹꽃동백은 석류나무 대목에 접붙이기를 하기도 하였다.

테이블 장식

조선에서는 동백을 서상화로 여기고 대나무, 소나무와 함께 혼례 때에는 동백꽃을 식탁 위를 장식하는 상화로 썼다.

몸 장식

구한말에는 떨어진 동백꽃으로 꽃목걸이를 만들어서 목에 걸고 다녔다.

환전식물

동백 분화는 18세기 서울에서 비싸게 거래되고(이헌경), 최고의 환전식물이었다(이옥, 정약용). 추위에 약한 동백 분화가 돈이 되자, 동백을 비롯한 내한성이 약한 분화를 따뜻한 남부 지방에서 생산하고 서울에서 판매를 하는 적재적소의 분업화가 이루어졌다.

별칭은 오랜 벗, 믿음직한 벗, 맑은 벗, 신선 같은 벗이고, 꽃말은 아름다움, 다산, 사춘기 소년소녀의 애정(김유정 1938), 정열적인 사랑(유치환 1908~1967), 사랑의 불길, 사랑의 맹서, 여자마음, 청렴, 절개와 지조, 일편단심, 장수이다.

두충

두충(杜仲, 杜冲)은 절개 있는 여인이 변한 나무라고 하여서 정목(貞木)이라고도 하였다. 중국 원산으로 두충과의 상록수로 한반도에서는 재배식물로 자란다. 강희안이 두충을 마당에 심어서 꽃밭소재로 쓰고, 유박도 두충을 마당에 심었다. 강희안과 유박은 두충을 화목구품의 6품과 8품에 올렸다. 조선 후기에는 민가 마당에 두충을 심었다.

모과나무

모과(木瓜)나무는 일본, 중국 원산으로 장미과의 낙엽수로 한반도에서는 경기 이남에서 재배식물로 자란다. 홍만선은 모과나무를 마당에 심어서 꽃밭 소재로 썼다. 이만부도 모과나무를 마당에 심었다. 조선 후기에는 민가 안마당에 심었다.

목련

목련(木蓮)은 연꽃과 닮았다 하여 목부용(木芙蓉), 봄을 맞이하는 꽃이라 하여 영춘화, 이른 봄 서리가 내릴 때 핀다 하여 거상화(拒霜花), 꽃봉오리가 붓 모양이라 하여 목필(木筆), 꽃봉오리가 북쪽을 향해서 핀다 하여 북향화(北向花)나 충신화(忠臣花), 연꽃이 이름에 있다 하여 향불화(向佛花)라고도 하였으며, 꽃봉오리를 말린 생약은 신이(辛夷)라고 하였다. 한반도 제주 등 남부 지방에서 나는 목련과의 낙엽수로 잎이 나기 전 흰 꽃이 먼저 핀다. 맑고 깨끗하고 아름답다(안평대군).

꽃밭과 분화 소재

강희안이 목련을 마당에 심어서 꽃밭 소재로 쓰고, 화분에 심어서 분화 소재로도 썼다. 이행(1478~1534), 유박은 목련을 마당에 심었다. 강희안과 유박은 목련을 화목구품의 7품에 올렸다. 조선 후기에는 민가 안마당에 꽃밭 소재로 심었다. 홍경모는 진고개의 사의당에서 목련 분화를 기르고, 심사정의 그림에 목련 분화가 있다.

별칭은 욕심 없고 깨끗하고 담박한 벗, 취객(醉客)이며, 꽃말은 선녀, 봄맞이꽃이다.

반송

반송(盤松)은 소나무의 한 품종으로 밑동에서 줄기 여러 개가 나오고 위가 둥근 소나무의 변종이다. 반송은 모양이 아름답고 녹음이 일품이고(김식 1482~1520), 경북지역에서 신목으로 쓰고 천연기념물로 등록된 반송 노거수들이 있다. 태종(1405)은 창덕궁에 부용지를 만들고 가산에 반송을 심어서 꽃밭 소재로 쓰고, 강희안도 반송을 마당에 심었다. 홍경모는 진고개의 사의당에서 반송을 화분에 심어서 분화 소재로 썼다. 정선의 〈사직노송도(社稷老松圖)〉에는 구불구불한 큰 반송 그림이 있다.

반죽

반죽(班竹)은 중국 원산으로 벼과의 상록수로 오죽의 변종이다. 줄기에 누런 얼룩무늬가 있는데 한두 해 지나면 무늬는 없어진다. 강희안은 반죽을 꽃밭과 분화 소재로 썼다.

밤나무

율목(栗木)이다. 한반도에서 나는 너도밤나무과의 낙엽수이다. 오대산 상원사 서쪽에 공양경비를 마련하기 위하여 밤나무 밭(705)을 조성하였다. 태종(1405)은 경덕궁 앞마당과 뒷마당에 밤나무를 심어서 꽃밭 소재로 썼다. 강희안도 밤나무를 마당에 심고, 이이(1536~1584)는 자신이 살았던 파주의 화석정과 어머니 신사임당이 살았던 강릉 오죽헌 주변에 밤나무를 심었다. 이이의 호 율곡은 밤(나무)골이라는 뜻이다. 홍만선, 이만부도 밤나무를 마당에 심었다. 조선 후기에는 민가 안마당에 밤나무를 심었다.

배나무

한반도에서 나는 장미과의 돌배나무(산리 山梨), 산돌배나무(조선산리 朝鮮山梨), 청실배(靑實梨) 등을 뭉뚱그린 이름으로 이수(梨樹), 이목(梨木)이라고 하였다. 청실배는 산돌배나무의 변종으로 열매가 푸른 한국특산이다. 배나무는 종에 관계없이 흰 꽃이 피고, 밝은 달 아래서 보는 배나무의 흰 꽃은 눈처럼 아름답고(이규보, 이조년, 이승소, 이식), 비 오듯이 바람에 흩날리는 흰 꽃은 더욱 아름답다(계생 1573~1610). 지금 우리가 먹고 있는 배나무는 일본, 중국, 서양에서 개량된 재배종으로 1920년에 도입되었다.

꽃밭 소재

신라 각간 대공(767)이 집 마당에 배나무를 심어서 꽃밭 소재로 썼는데 수많은 참새들이 배나무에 날아들었다. 청도 운문사(937)

마당에도 배나무가 자라고 있었다. 이조년은 배나무를 마당에 심고 배나무를 장려하였다. 강희안, 이식, 홍만선, 이만부, 유박 등도 배나무를 마당에 심었다. 강희안과 유박은 배나무를 화목구품의 7품에 올렸다. 청실배는 정선의 그림에 등장하고, 구한말에는 왕실 진상품으로 청실배를 썼다.

접붙이기

배나무는 접붙이기로 번식을 한다. 이규보는 어린 시절 배나무의 접붙이는 모습을 보았는데 훗날 접붙인 배나무에서 더 큰 열매가 달렸다. 접을 붙인 사람은 이웃 마을 전 씨인데 큰 배나무의 그루터기에 멀리서 가지고 온 배나무가지를 접붙였다. 고려 때에는 접붙이기의 장점을 알고 번식에 활용하였다.

별칭은 우아한 벗, 담박한 벗이다. 꽃말은 담백, 순결한 처녀, 미인, 시인, 현명하고 우아한 부인, 희생자(이정보)이다.

배롱나무

꽃이 100일 동안 핀다 하여 백일홍(百日紅)이라 하였는데 한해살이풀 백일홍과의 구별을 위하여 목백일홍(木百日紅), 자미화(紫微花), 뒷마당에 심는다 하여 후정화(後庭花), 일본에서는 나무줄기가 미끄러워서 원숭이가 미끄러지는 나무라고 하였다. 중국 원산으로 부처꽃과의 낙엽수로 한반도에서는 중부 이남에서 재배식물로 자란다. 꽃 빛깔은 흰빛, 붉은빛(1254), 보랏빛이 있고, 서울에서는 귀하고 영남지역에 많이 심는다(강희안). 꽃이 오랫동안 피고(조귀명 1692~1737), 서울에서는 겨울나기가 어려우나 꽃이 많이 피고 화려하다(유박).

꽃밭 소재

강희안이 배롱나무를 마당에 심어서 꽃밭 소재로 쓰고, 이만부, 정범조, 유박, 홍경모 등도 배롱나무를 마당에 심었다. 강희안과 유박은 배롱나무를 화목구품의 6품에 올렸다. 조선 후기에는 민가 안마당에 배롱나무를 심었다.

조경 소재

충남 논산의 성삼문의 사당과 묘소에 붉은 배롱나무를 심고, 조귀명(1692~1737)은 경남 함양 관아의 못 섬에서 큰 배롱나무 일곱 그루가 자라고 있었는데 가장 큰 나무에 자신의 호를 새겼다.

분화 소재

김질(1422~1478)은 배롱나무를 화분에 심어서 분화 소재로 썼다. 화분에 흙을 담고 잘린 배롱나무줄기를 꺾꽂이하여서 꽃을 피웠다. 화분은 질그릇 화분, 토분을 주로 사용하였다.

환전식물

겨울 추위에 약한 배롱나무 분화는 서울에서 보기 어려운 꽃이라 인기상품이었고(이헌경), 매우 비싸게 거래되었다(이옥).

별칭은 꽃이 너무 쉽게 핀다 하여 속된 벗, 멈추고 나아갈 때를 아는 절도 있는 꽃이며, 꽃말은 게으름뱅이, 부귀영화, 장수이다.

백목련

백목련(白木蓮)은 꽃 빛깔과 꽃봉오리 모습이 붓같이 보인다 하여 목필화(木筆花), 꽃이 북쪽을 향해 핀다 하여 북향화(北向花), 신이화(辛夷花)로 불리었다. 중국 원산으로 목련과의 낙엽수로 한반도에서는 재배식물로 자란다. 이만부가 백목련을 마당에 심어서 꽃밭 소재로 쓰고, 이가환과 이재위 부자(1802)와 홍경모도 백목련을 마당에 심었다. 조선 후기에는 백목련을 민가 안마당에 심었다.

버드나무

양(楊), 유(柳) 양유(楊柳), 버들, 수양버들, 능수버들, 왕버들 등을 뭉뚱그린 버드나무속 수준으로 쓰였다. 한반도에서 나는 버드나뭇과의 낙엽수로 수생식물이다. 암수딴그루로 암꽃은 버들 솜으로 바람에 흩날리고, 노란 수꽃이 다닥다닥 붙은 늘어진 가지가 봄바람에 하늘거리는 모습은 무척 아름답고, 잎은 좁고 길고 잎 끝이 뾰족하고, 잘린 가지는 생명력이 강해서 아무렇게 두어도 물만 있으면 싹과 뿌리가 난다. 버드나무는 몽고, 중국, 러시아 등에서 신목으로 쓰였다. 버드나무는 서기전 1세기에 박혁거세가 알로 발견된 양산(버들산)이라는 산 이름과 유화(버들꽃)라는 주몽의 어머니 이름으로 처음 등장한다. 홍만선과 이만부는 버들을 마당에 심어서 꽃밭 소재로 썼다. 조선 후기에는 버드나무의 늘어진 모습이 보기에 좋지 않다며 집 안에 심지 않았다. 반면, 서구방(1323)의 〈양유관음도〉에는 물가 바위 위에 앉아 있는 관음보살 옆에 버들가지가 꽃병에 꽂혀 있고, 이별하는 사람한테 버들가지를 선물하는 것은 상례였다. 임제(1549~1587)가 대동강가에서 보니 이별하는 사람이 많아서 선물로 드릴 버들가지가 없었다. 이삼환(1729~1813)은 버들가지를 꺾어서 님에게 선물로 드렸다.

별칭은 보내는 손님이고, 꽃말은 봄의 전령, 귀환, 숙명, 운명, 강한 생명력, 젊음이며, 수꽃은 벽사, 미인, 왕비, 버들솜은 이별, 잎은 행운, 지혜, 신기함이다.

벽오동

벽오동(碧梧桐)은 동화(桐花)라고도 하였다. 조선시대에는 오동나무와 벽오동을 구분하지 못해서 오동나무의 한 품종으로 여겼다(유박). 중국 원산으로 벽오동과의 낙엽수로 한반도에서는 중부이남에서 재배식물로 자란다. 이규보의 시에 등장하는 벽오동은마당에 일부러 심었을 것이다. 강희안이 벽오동을 마당에 심어서꽃밭 소재로 쓰고 벽오동을 화목구품의 3품에 올렸다. 홍경모, 민태훈(1855)도 벽오동을 마당에 심었다. 신재호(1812~1884)의 그림에 벽오동이 등장한다.

꽃말은 귀족이다.

분죽

분죽(粉竹)은 담죽(淡竹), 솜대라고도 한다. 중국 원산으로 벼과의 상록수로 한반도에서는 남부 지방에서 재배식물로 자란다. 어린줄기는 분칠한 것처럼 희게 보이나 줄기가 성숙하면 황록색으로 바뀌고, 60년 주기로 꽃이 피고 말라서 죽는다고 한다. 강희안이 분죽을 마당에 심어서 꽃밭 소재로 쓰고, 이수광, 신경준(1774이후), 이가환과 이재위 부자(1802) 등도 분죽을 마당에 심었다.

사과나무

사과(沙果)나무는 유럽동남부와 서아시아 원산으로 장미과의 낙엽수로 한반도에서는 재배식물로 자란다. 사과나무는 흰 꽃과 열매가 아름다워서 관상용으로 쓰이고, 1884년에는 개량종이 도입되고, 1906년부터는 과수로 쓰이고 있다. 홍만선이 사과나무를 마당에 심어서 꽃밭 소재로 쓰고, 장승업(1843~1897)의 그림에 사과나무가 등장한다. 사과나무는 개량종의 등장 이전부터 야생종이 한반도에서 자랐던 것으로 보인다. 조선 후기에는 사과나무를 민가 안마당에 심었다.

산수유나무

산수유(山茱萸)나무는 중국 원산으로 층층나뭇과의 낙엽수로 한반도에서는 중부 이남에서 재배식물로 자란다. 경문왕(861~875)은 도림사 대밭의 대나무를 베어 내고 산수유나무를 심었다는 설화가 있고, 고대소설 「구운몽」(김만중)에 산수유나무가 등장한다. 강희안이 산수유나무를 마당에 심어서 꽃밭 소재로 쓰고, 신경준도 산수유나무를 마당에 심었다.

살구나무

행(杏)이다. 중국 원산으로 장미과의 낙엽수로 한반도에서는 중부 이남에서 귀화식물, 곧 야생식물로도 자라고 재배식물로도 자란다. 살구꽃은 봄을 상징하는 꽃의 하나로 신라 경주에 살구나무가 많고(장일 1207~1276), 경주 오솔길 두 언덕에 살구꽃이 피어 있고(일연), 조선시대 산골 마을에는 서너 집 건너 살구나무가 한 그루씩 있고, 주막집 앞에는 의례히 살구나무가 심겨 있고 살구꽃은 주막과 잘 어울려서 사람들은 살구꽃이 피면 주막으로 달려가서 붉게 핀 살구꽃의 운치를 즐기며, 술잔을 기울이며 잠시나마 삶의 어려움을 잊고 따뜻한 정을 나누었다. 서거정의 〈행화미인도〉와 신윤복의 풍속도 〈연소답청〉의 배경에는 살구꽃이 피어 있다. 소문난 살구꽃 구경 장소로는 서울의 필운대가 있다(박문수, 박지원).

꽃밭 소재

강희안이 마당에 살구나무를 심어서 꽃밭 소재로 썼다. 홍만선, 이만부, 유박, 이명구 등도 살구나무를 마당에 심었는데 강희안과 유박은 살구나무를 화목구품의 7품과 6품에 올렸다. 조선 후기에는 민가 안마당에 살구나무를 심었다.

환전식물

서울에서는 열매 달린 살구나무 분화는 인기 있는 환전식물(이헌경)로 비싸게 거래되었다(이옥).

별칭은 고훈 벗이고, 꽃말은 요염한 미인, 요사스런 미인, 소인, 살구꽃의 개화 시기가 과거시험시기와 같다 하여 급제화, 학업성취, 입신출세이다.

소나무

송(松)이다. 구불구불하고 늙은 소나무는 노송이라고 하였다. 한반도에서 나는 소나뭇과의 상록수이다. 무당노래 성주풀이에는 성주신과 소나무의 본향은 경북 안동시 이천동의 연미사와 큰 돌미륵이 있는 제비원이라고 한다. 제비원에서 솔 씨를 받아 동문산에 던졌는데 그 소나무가 전국으로 퍼지고 소나무로 집을 짓게 되었다고 한다. 제비원 인근에는 낙동강 상류가 흐르는 이송천동이 있고 이송천동에는 소나무가 검은 먹물처럼 보인다는 먹골산이 있다. 소나무는 서기전 1세기에 왕비 이름으로 처음 등장한다.

봄이 오면 송화로 불리는 소나무 꽃가루가 날리고, 열매인 솔방울은 이듬해 가을에 달리고, 소나무는 수명이 길고, 생명력이 강해서 모래밭이나 바위 위 어디서든 잘 자라고, 추우나 더우나, 양지나 음지나, 비가 오나 눈이 오나 서리가 오나, 가물거나, 바람이 불어도 잘 자란다. 의상대사(7세기 말)가 본 강원 낙산사 부근의 관음송은 600년 이상을 자랐고, 진표 스님(8세기 후반)이 금강산의 한 바위 위에서 죽고 제자들이 유골 위에 흙을 덮었는데 무덤에서 자란 소나무가 약 400년 후인 1197년에도 살아 있었고(영잠), 강원 영월에는 단종의 한이 서려 있는 600년생의 소나무가 있고, 속리산 법주사 입구의 소나무는 세조 때 정이품벼슬을 받고, 공주의 한 소나무는 인조 때 통정대부 벼슬을 받았다.

소나무는 밑동을 베어도 새 줄기가 나지 않는데 이것은 절개, 지조, 충성, 의지, 인내를 상징한다며 많은 사람들이 소나무를 좋아하고, 소나무는 대나무, 매화와 함께 심한 추위에도 푸른 잎을 지니는 세 벗, 세한삼우(권돈인 1783~1859)라고 하였다. 한편, 우리 선조들은 소나무의 아름다운 운치, 고상하고 우아한 멋, 깨끗하고 신선한 분위기가 있고 향이 있는 소나무를 벗으로 삼고, 소나무 계곡이나 소나무 아래서 한담을 즐기고, 피리소리를 무색하게 하는 솔바람소리를 듣고, 소나무 밑에 앉아서 새소리를 듣고, 소나무에 기대어 책, 낮잠, 술을 즐기고, 달밤에 비치는 소나무 그림자를 감상하고, 바람에 퍼지는 향을 즐겼다.

조경 소재

고구려 동천왕(234)은 고국천왕의 무덤 앞에 소나무를 일곱 겹으로 심고, 신라 최치원(895 무렵)은 산 아래나 강가, 바닷가에 정자를 짓고 주변에 소나무를 심고, 세종(1428)은 건원릉에 행차하여 주변의 잡목을 뽑고 소나무와 잣나무를 심고, 황형은 강화 바닷가에 어린 소나무를 심고, 숨어 사는 은사의 유거지 주변에는 의례히 대나무와 소나무를 심고, 정조(1752~1800)는 수원 북문 밖에 소나무를 심어서 새로운 경치를 만들었다. 지금도 수원 북문 밖 노송지대는 명품거리로 이름난 곳이다.

분화 소재

신라 사람들이 쓰던 허리띠에는 네모난 화분에 심은 소나무 분화(8~9세기 추정)그림이 있다. 이것은 소나무 분화가 신라 때 있었다는 것을 시사한다. 소나무 분화의 첫 기록인 한편, 우리나라 분화(pot plant)의 첫 기록이기도 하다. 분화의 문자 기록은 고려 때부터 등장한다. 전녹생(1318~1375)은 산속에서 키 1미터가량의 소나무를 캐서는 집으로 옮겨와서 화분에 심고, 이색, 정몽주도 소나무 분화를 기르고, 강희안, 이황, 박승임, 하항, 이산해, 이시발(1569~1626), 김육, 이식, 홍만선, 홍경모, 이명구 등도 소나무 분화를 길렀다. 소나무는 주로 구불구불한 노송을 큰 화분이나 옹기에서 기르고, 화분에는 이끼를 만들어서 고풍스러운 멋을 내기도 하고, 분화는 양지에 두고 3일에 한 번씩 물을 주고 습하지 않게 하고 겨울에는 움집에서 보관하였다(박세당, 1676).

분재 소재

강세황의 〈송석도〉에는 낮은 화분에서 돌과 함께 소나무가 자라고 있다. 분재(bonsai)는 분화와 장르가 다르다.

꽃밭 소재

이성계(1335~1408)는 왕위에 오르기 전 함흥본궁에 소나무를 심어서 꽃밭 소재로 쓰고, 성삼문, 강희안, 유박도 마당에 소나무를 심었다. 강희안과 유박은 소나무를 화목구품의 1품에 올렸다. 강희안은 금송과 노송도 화목구품의 3품과 4품에 올렸다. 소나무의 인기가 높았으나 꽃밭 소재로의 활용빈도는 낮다. 소나무는 키가 크고 집 안에서도 가까운 산이나 들에서 자라는 소나무를 쉽게 볼 수 있었기 때문일 것이다.

건물 장식

고려 때에는 소나무 가지를 엮어서 만든 송첨을 처마 끝에 대어서 빛을 차단하고 건물을 장식한 것으로 보이고, 김홍도의 송첨 그림이 있다.

꽃꽂이

임경업(1594~1646) 장군의 초상화 배경에는 탁자 위의 꽃병에 솔가지가 꽂혀 있다.

테이블 장식

조선시대 전통 혼례 때에는 초례상이나 음식상 위에 테이블을 장식하는 꽃 상화를 두고, 초례상 양옆에는 대나무와 소나무를 꽂병에 꽂아 두었다. 늘 푸른 나무처럼 절조를 지키고 장수를 바라는 뜻이라고 한다.

환전식물

조선 후기에 소나무 분화는 서울에서 환전식물로 인기였다. 특히 줄기가 구불구불한 노송이 비싸게 거래되었다(이헌경).

별칭은 오래된 벗이고, 꽃말은 지조, 절개, 정절, 불변, 기상, 고향, 군자, 불굴, 불변, 사랑의 맹서, 장수, 청순, 엄숙, 고결, 과묵이다.

수양버들

수양(垂楊)버들은 중국 원산으로 버드나뭇과의 낙엽수로 수생식물이며 한반도에서는 재배식물로 자란다. 수양버들은 봄소식을 가장먼저 전하고(유치환), 늘어진 가지가 봄바람에 나부끼는 모습이 멋있다(신석초 1941). 강희안이 수양버들을 마당에 심어서 꽃밭 소재로 쓰고, 유박도 마당에 심었다. 강희안과 유박은 수양버들을 화목구품의 4품과 5품에 올렸다. 조선 후기에는 늘어진 가지의 모습이 보기에 좋지 않다며 집 안에 잘 심지 않았다.

오동나무

　오동(梧桐)나무는 한반도 남부 지방에서 나는 현삼과의 낙엽수로 한국특산이다. 강희안이 오동나무를 마당에 심어서 꽃밭 소재로 쓰고, 허목(1595), 이만부, 유박 등은 오동나무를 마당에 심고, 유박은 오동나무를 화목구품의 6품에 올렸다.

오죽

　오죽(烏竹)은 줄기 빛깔이 검어서 검정대라고도 한다. 중국 원산으로 벼과의 상록수로 한반도에서는 재배식물로 자란다. 추위에 강해서 서울에서도 겨울을 나고(강희안), 약 60년 주기로 꽃이 피고 열매를 맺고 죽는다고 한다. 강희안의 〈절매삽병도〉 배경에 오죽 분화가 보이고 오죽의 변이종인 반죽도 분화와 꽃밭 소재로도 썼다. 신사임당과 율곡 이이가 태어난 집 이름은 오죽헌인데, 오죽이 주변에 많이 자랐던 것으로 보인다.

왕대

왕죽(王竹), 고죽(苦竹), 근죽(筆竹), 참대라고도 한다. 중국 원산으로 벼과의 상록수로 한반도 남부 지방에서 재배식물로 자란다. 허목이 왕대를 마당에 심어서 꽃밭 소재로 쓰고, 김규진 (1868~1933)의 그림 제목에 왕대가 등장한다. 왕대는 주로 대나무로 등장을 하였는데 늦게서야 제 이름을 찾았다. 지금도 많은 사람들은 왕대를 대나무라고 한다.

은행나무

은행(銀杏)나무는 중국 원산으로 은행나뭇과의 낙엽수로 한반도에서는 중남부 지방에서 재배식물로 자란다. 원주에는 약 800년생의 고려 은행나무(천연기념물 167호)가 있고, 전남, 경북, 서울 등에도 은행나무 고목이 많다. 태종(1405)이 은행나무를 궁궐 뒷마당에 심어서 꽃밭 소재로 쓰고, 조선 후기에는 은행나무를 민가 안마당에 심었다.

한국의 꽃 역사 이야기

자두나무

자두(紫桃)나무는 오얏나무(이수李樹)라고도 하였다. 중국 원산으로 장미과의 낙엽수로 한반도에서는 재배식물로 자란다. 과수로 개발된 개량종 자두나무는 1920년에 도입되었다. 화려한 흰 꽃이 잎보다 먼저 한꺼번에 피고 꽃이 금방 떨어져서 염화(艷花)라고 하였다. 오얏나무는 서기전 16년부터 서기 863년까지 백 년에 한 번 꼴로 겨울에 꽃이 피는 특이한 개화 현상이 나타났다. 왕건의 집권을 예언한 도선 스님이 왕씨 다음에는 이씨가 왕이 되어 한양에 도읍한다고 하였다. 한자말 이(李)는 오얏이기 때문에 고려 조정에서는 이씨의 기운을 누른다며 백악산 남쪽에 오얏나무를 심어서 가지를 잘랐다. 고려 말에는 북한산 아래에 오얏나무가 무성하게 자란다고 하자 오얏나무를 베는 관리 벌리사를 보내어 가지를 잘랐다. 하지만 이성계(李成桂)는 도선의 예언대로 한양에 도읍을 정하고 고려 때 오얏나무를 심었던 백악산 아래에 궁터를 잡았다. 죄 없는 오얏나무가 이름 때문에 고려 때 고난을 당하였으나 고종은 국호를 조선에서 대한제국(1897)으로 바꾸고 오얏꽃 무늬를 황실을 상징하는 문장으로 썼다.

꽃밭 소재

강희맹이 오얏나무를 마당에 심어서 꽃밭 소재로 쓰고, 오얏나무 수명은 10년가량이고 북쪽에 드물게 심는다고 하고, 허균, 홍만선, 이명구는 자두나무를 마당에 심었다.

꽃말은 진실, 성실, 정직이다.

자목련

자목련(紫木蓮)은 꽃이 검게 보여서 흑목련(黑木蓮), 신이화(辛夷花)라고도 하였다. 중국 원산으로 목련과의 낙엽수로 중부 이남에서 재배식물로 자란다. 꽃은 자줏빛 큰 꽃으로 잎이 나기 전에 핀다. 강희안이 자목련을 마당에 심어서 꽃밭 소재로 썼다. 신경준, 홍경준 등도 자목련을 마당에 심었다. 조선 후기에는 자목련을 민가 안마당에 심었다.

잣나무

백(柏), 다섯 개의 잎이 모여 있다 하여 오엽송(五葉松)이라고도 한다. 제주도와 울릉도를 제외한 한반도에서 나는 소나뭇과의 상록수이다. 이차돈(528)은 성품이 곧아서 밑 둥을 베어도 새줄기가 나지 않는 소나무와 잣나무를 보면서 절개를 가지고 맑은 물과 거울 같은 지조를 쌓았고, 눌최(624)와 김유신(647)은 따뜻한 봄날이면 모든 풀과 나무가 꽃을 피우지만 날씨가 추우면 소나무와 잣나무만이 푸르고, 효성왕(737~742)이 약속을 지키지 않자 신충이 왕을 원망하는 노래를 지어서 잣나무에 붙였더니 잣나무가 갑자기 시들었는데 왕이 신충에게 벼슬을 주자 잣나무는 금방 생기를 되찾고, 충담 스님(764)의 「찬기파랑가」에는 "아! 잣나무가지 높아 서리 모를 씩씩한 모습이여"라고 하였다. 신라 사람들은 잣나무를 소나무처럼 아끼고 사랑하였다.

조경과 꽃밭 소재

김부식(1075~1151)은 자신이 창건한 관란사 북쪽 산 아래에 잣나무를 심어서 새로운 경치를 만들고, 강희안은 잣나무를 마당에 심어서 꽃밭 소재로 썼다. 허목, 홍만선도 잣나무를 마당에 심었다. 조선 후기에는 민가 주변이나 안마당에 잣나무를 심었다.

꽃말은 절개, 지조, 충성, 신의, 기개이다.

종려

종려(棕櫚)는 목어(木魚), 렵규(鬣葵)라고 하였다. 일본, 중국 원산으로 야자과의 상록수로 한반도에서는 재배식물로 자란다. 조선에서는 귀로 듣기는 해도 눈으로 보기는 어려운 꽃이라고 하였다.

꽃밭 소재, 환전식물

유박이 종려를 마당에 심어서 꽃밭 소재로 쓰고, 종려를 화목구품의 3품에 올렸다. 홍경모는 종려를 화분에 심어서 분화로 길렀다. 조선 후기에는 종려를 민가 안마당에 심었다. 종려 분화는 서울에서 환전식물로 비싸게 거래되었다(이현경).

주목

주목(朱木)은 한반도에서 나는 주목과의 상로수로 가을에 달리는 예쁜 빨간 열매와 잎을 관상한다. 태종(1405)이 창덕궁에 부용지를 만들고 가산에 주목을 심어서 꽃밭 소재로 썼다. 조선 후기에는 주목을 민가 안마당에 심었다.

꽃말은 변치 않는 선비의 마음이다.

죽순대

대나무의 새순인 죽순(竹筍)이 많이 올라와서 지은 이름이고, 맹종죽(孟宗竹)이라고도 한다. 제 이름으로 불린 첫 대나무이다. 중국 원산으로 벼과의 상록수로 한반도 남부 지방에서 재배식물로 자란다. 눈이 오는 한겨울에 이제현의 집 주변에서 죽순대의 죽순이 돋아났다. 강희안이 죽순대를 마당에 심어서 꽃밭 소재로 썼다. 구한말 일본에서 분화용 죽순대(1898)를 도입하였다.

측백나무

측백(側柏)나무는 한반도의 서울과 대구사이에서 나는 측백나뭇과의 상록수이다. 대구 동구 도동의 측백나무 숲은 천연기념물 제1호로 유명하다. 태종(1405)이 측백나무를 궁궐 뒷마당에 심어서 꽃밭 소재로 쓰고, 깅희안, 허목, 홍만선, 홍경모, 이명구는 측백나무를 마당에 심었다. 성현은 측백나무를 화분에 심어서 분화 소재로 썼다. 조선 후기에는 측백나무를 민가 안마당에 심었으나 지금은 울타리용으로 쓴다.

편백나무

편백(扁柏)나무는 회목(檜木)이라고 하였다. 일본 원산으로 측백나뭇과의 상록수로 한반도 남부 지방에서 재배식물로 자란다. 이명구는 편백나무를 마당에 심어서 꽃밭 소재로 썼다.

해송

해송(海松)은 바닷가에서 나고 줄기빛깔이 검어서 흑송(黑松), 검솔, 곰솔이라고도 한다. 한반도 남부와 서부 도서 지방에서 나는 소나뭇과의 상록수이다. 신경준은 해송을 마당에 심어서 꽃밭 소재로 썼다.

향나무

향(香)나무는 한반도에서 나는 향나무과의 상록수이다. 향나무는 옛날부터 향을 사르는 분향소재로 쓰였으나 지금은 관상용으로 널리 쓰이고 있다.

향 공양

눌지왕(417~458) 때 양나라에서 보낸 향으로 분향을 하고, 고구려 벽화고분 쌍영총(5세기 말)에는 향로를 든 부인이 스님, 시녀들과 함께 공양을 하러 가고, 신라 진평왕(587)은 죽령 동쪽의 대승사 주지에게 분향 받침돌을 깨끗하게 해서 분향을 게을리 하지 말라 하고, 백제 무왕(634)은 왕흥사가 완성되자 늘 절에 가서 분향을 하고, 비암사 아미타불비상(689)의 연지 좌우에는 꽃과 향을 공양하는 사람이 있고, 김유신의 증손 암(733)이 산마루에서 분향을 하고 기도를 하니 메뚜기 일종인 누리가 죽고, 경덕왕(754)은 법해 스님의 화엄경 법문을 듣고 불전에 분향을 하고, 신라 경애왕(924)은 황룡사에 들러 분향을 하고 불공을 드리고, 석굴암을 창건(751)한 김대성이 천신에게 고마운 마음으로 남쪽 고개에 올라가 향나무를 태워서 향 공양을 하였는데 훗날 그곳을 향 고개라고 하였다.

꽃밭 소재

전남 순천 송광사 천지암에는 수령 800년 된 향나무 두 그루가 지금도 살아 있다. 강희안은 향나무를 마당에 심어서 꽃밭 소재로 썼다. 홍경모, 이명구, 이병기는 향나무를 마당에 심었다. 조선 후기에는 향나무를 민가 안마당에 심었다.

호두나무

호두(胡桃)나무는 동유럽, 서아시아 원산으로 가래나무과의 낙엽수로 한반도 중부 이남에서 재배식물로 자란다. 홍만선이 호두나무를 마당에 심어서 꽃밭 소재로 쓰고, 이만부도 호두나무를 마당에 심었다. 조선 후기에는 호두나무를 민가 안마당에 심었다.

회화나무

괴화(槐花)이다. 중국 원산으로 콩과의 낙엽수이며 한반도에서는 재배식물로 자란다. 나무 모양이 느티나무와 비슷하나 느티나무보다 잎이 작고 연두 빛 꽃이 두드러진다. 태종(1405)이 회화나무를 궁궐 뒷마당에 심어서 꽃밭 소재로 쓰고, 송희규(1494~1558)는 회화나무를 성주의 백세각 주변에 심었다. 중국에서는 화화나무를 길상목이라 여기고 집 안에 많이 심었다고 하나 우리나라에서는 서원, 향교 등에 심었다.

꽃말은 학자이다.

이 밖에 존재감이 낮은 큰키나무이다. 감람나무(올리브), 감죽이 조선시대에 등장하고, 느릅나무는 조선시대에 귀신을 쫓는 나무라며 집 뒤에 심었으며, 멀구슬나무는 매화나무 대목으로 쓰이고, 벚나무는 신라에서는 나무상자, 조선에서 활 소재로 쓰고, 비자나무, 비파나무는 조선시대에 꽃밭 소재로 쓰이고, 뽕나무가 경주 황룡사 앞에서 푸른 바다를 이루고, 산돌배나무, 산벚나무, 삼나무가 조선시대 민가에서 꽃밭 소재로 쓰이고, 소귀나무, 수유나무가 조선시대에 꽃밭 소재로 쓰이고, 수령 700년 된 왕버들이 1987년에 전남 장성에서 죽고, 수령 500년 되는 이팝나무 노거수가 경남 김해에서 자라고, 팽나무가 삼국시대 설화, 당산목이나 신목으로 쓰였다.

덩굴식물

덩굴식물(vine)은 스스로 서서 자라지 못하고 주변의 물체에 붙거나 물체를 감고 자라는 풀과 나무이다.

능소화

능소화(凌霄花)는 금등화(金藤花)라고도 하였다. 중국 원산의 능소과로 잎이 지며 한반도에서는 중부 이남에서 재배식물로 자란다. 이동언(1662~1708)이 능소화를 마당에 심어서 꽃밭 소재로 쓰고, 홍경모도 능소화를 마당에 심었다. 조선 후기에는 많은 사람들이 능소화를 민가 안마당에 심었다. 김수철의 〈능소화도〉 등의 그림이 있다.

나팔꽃

견우화(牽牛花), 조안(朝顏)이라고 하였다. 아시아 원산으로 메꽃과의 한해살이풀로 한반도에서는 재배식물로 자란다. 신사임당의 〈초충도〉와 김수철의 그림에 나팔꽃이 등장하고, 조선 후기에는 민가 마당에 나팔꽃을 심었다. 구한말에는 나팔꽃이 성행하여 시, 동요, 시조 등에 등장하나 원예 활동에 쓰인 기록이 없다.
꽃말은 아침이다.

다래

한반도에서 나는 다래나무과의 낙엽수로 태종(1405)이 다래를 창덕궁 마당에 심어서 꽃밭 소재로 썼다. 조선 후기에는 다래를 민가 안마당에 심었다.

등

등만(藤蔓), 자등(紫藤), 등덩굴, 참 등, 등나무라고도 한다. 충북 속리산 등에서 나는 콩과의 낙엽수이다. 삼국시대에는 등나무 숲을 용의 숲, 용림이라 하고, 고려 때(1388)에는 한 여인이 산 속의 벼랑 아래로 떨어졌는데 등 덩굴에 걸려서 목숨을 구했다고 한다. 경북 경주 현곡면 오류리에는 수령 오백 살로 추정되는 줄기 지름이 50센티미터인 등덩굴이 팽나무를 감고 자라고 있다. 조선 후기에는 등을 민가 안마당에 심었고, 남계우의 그림과 김은호의 〈등하미인도〉가 있다. 지금은 공원이나 아파트의 파고라 소재로 쓰이고 있다. 꽃말은 금실 좋은 부부이다.

머루

산포도(山葡萄) 종류를 뭉뚱그리는 이름이다. 한국을 포함한 동북아시아 원산으로 포도과의 낙엽수이다. 신라 수막새 기와(8~9세기 추정)에는 머루 송이가 둥근 항아리에 꽂혀 있고, 암막새기와(7~10세기 추정)에도 머루 송이가 항아리에 꽂혀 있다. 머루가 신라에서 꽃꽂이 소재로 쓰였으나 이후에는 보이지 않는다.

여주

금여지(錦荔枝)라고도 하였다. 열대아시아 원산인 박과의 한해살이풀로 한반도에서는 재배식물로 자란다. 노란 꽃이 6월에 피고 열매는 7~8월에 노랗게 익는다. 서유구가 여주를 마당에 심어서 꽃밭 소재로 썼다. 조선 후기에는 여주를 민가 안마당에 심었다.

인동덩굴

인동초(忍冬草), 금은화(金銀花)라고도 하였다. 한반도에서 나는 인동과의 낙엽수이다. 고구려 안악 3호분(357) 등의 벽화고분에 인동무늬가 많이 등장하고, 삼국과 통일신라시대에는 인동무늬로 금관, 허리띠, 관모, 벽돌, 기와, 거울, 항아리, 그릇 등의 유물을 장식하였으나 직접적인 원예 활동의 흔적은 보이지 않는다.

꽃말은 인내, 행복, 사랑이다.

포도

포도(葡萄)나무라고도 한다. 서아시아 원산으로 포도과의 낙엽수로 한반도에서는 재배식물로 자란다. 신사임당의 포도 그림이 있고, 조선 19세기에는 꽃꽂이용 백자 항아리에 포도 무늬가 있었다.

꽃밭 소재

고려 충숙왕이 원나라에서 푸른빛과 검은빛 포도를 가지고 와서 궁궐 마당에 심어서 꽃밭 소재로 쓰고, 강희안, 홍만선, 유박이 포도를 마당에 심고 유박은 포도를 화목구품의 4품에 올렸다. 조선 후기에는 포도를 민가 안마당에 심었는데 열매를 관상하고 먹기도 하였을 것이다.

별칭은 풀의 용, 초룡이다.

한련화

한련화(旱蓮花)는 페루 등의 남미 원산으로 한련과의 한해살이 풀로 한반도에서는 재배식물로 자란다. 서유구가 한련화를 마당에 심어서 꽃밭 소재로 썼고, 조선 후기에는 민가 안마당에 심었다.

이 밖에 존재감이 낮은 덩굴식물이다. 꼭두서니는 주황색 천연 염색 소재로 쓰이고, 조선시대 그림에 메꽃이 등장하고, 신라 선덕여왕(632~647) 때 자장법사가 태백산에 칡덩굴이 서려 있는 곳에 절을 지었다.

에필로그

　꽃은 꽃받침, 꽃잎, 수술, 암술로 이루어진 식물의 생식기관으로 모양이 예쁘고 빛깔이 화려하고 향과 생명력이 있어서 아름답다. 꽃의 아름다움은 사람만이 느낄 수 있어서 사람들은 꽃의 아름다움을 활용한다. 꽃은 아름다움의 대명사로 쓰이고, 아름다운 풀과 나무인 화훼는 물론이고, 어느 한 나라의 모든 식물을 총칭할 때도 꽃이라고 한다. 사람들은 자연에서 발생하는 야생종의 변이종의 아름다움에도 만족하지 않고 특이하고 희귀한 꽃을 추구한다. 전문가들은 소비자의 욕구를 충족하기 위해서 늘 새로운 종이나 품종을 만들기도 하고 재배 기술을 개선한다. 이러다 보니 꽃의 유행은 해마다 바뀌는 흐름을 보이고 있다. 종에 따라서 다르지만 식물체 크기, 꽃의 빛깔, 모양, 개화 시기 등이 그러하다. 대표적인 사례가 자연에 존재하지 않았던 잡종 식물인 국화, 장미, 카네이션 등의 다양한 품종의 등장이다.

새로운 품종은 외국에서 수입도 하지만 국내에서도 새로운 품종을 만들고 있다. 개발된 품종은 농가에 보급되고 농가에서 생산된 꽃은 꽃가게에 진열된다. 이면에는 수많은 연구자와 농업인의 노력이 있다. 소비자들은 꽃이 꽃가게에 진열된 과정이나 꽃 자체에 대해서 잘 알지 못한다. 유럽 여성들은 꽃을 화제의 중심에 둔다고 한다. 꽃에 대해서 많이 알고 있다는 뜻이다. 우리나라는 꽃의 육종이나 생산, 꽃 장식은 물론이고, 꽃가게에서 사철 꽃을 볼 수 있을 만큼 기술은 세계적인 수준이나 꽃에 대한 인식은 그에 미치지 못한다. 전문가와 소비자 사이에는 인식의 차이도 크다. 일상생활에서 꽃이 화제가 되고 대중화되려면 적어도 꽃은 사치품이 아니라 농산물이자 기호품으로 반려식물이라는 인식이 필요하다. 독자들이 이 책을 읽으면서 꽃을 사랑하고 활용한 우리 조상들의 마음도 같이 읽어, 꽃을 이해하는 계기가 되었으면 하는 바람이 있다.

지금은 단독주택보다는 아파트 생활을 하는 사람이 많다. 꽃밭 만들기나 분화 기르기, 꽃 장식 등의 원예 활동을 할 만한 공간이 부족한 것은 사실이다. 하지만 마음만 먹으면 아파트도 직장 사무실도 원예 활동 공간이 될 수 있다. 아름다운 꽃을 찾고 꽃으로 장식을 하고자 하는 것은 아름다움을 추구하는 사람의 본성 때문이다. 선조들의 얼과 지혜를 이어받고 꽃에 대한 인식도 개선되었으면 좋겠다. 조선시대에는 당파 싸움에 열중하면서도 한마음으로 꽃을 길렀고 유배지에서는 더욱 그러하였다. 우리 선조들의 자랑스러운 꽃의 활용 역사를 알려야겠다는 역사적인 당위성을 가지고 집필을 하였다. 부족한 부분에 대해서는 편달을 바란다.

참고 문헌

강희안, 『양화소록 – 선비, 꽃과 나무를 벗하다』, 이종복 역해, 아카넷, 2012.

김규원, 『꽃과 화훼』, 부민문화사, 2010.

김규원, 『이천 년의 꽃』, 한티재, 2015.

김규원, 『삼국시대의 꽃 이야기 – 원예학자와 떠나는 역사 속 꽃 여행』, 한티재, 2019.

문일평, 『꽃밭 속의 생각』, 정민 풀어 씀, 태학사, 2005.

유박, 『화암수록 – 꽃에 미친 선비, 조선의 화훼백과를 쓰다』, 정민·김영은·손균익·강진
선·민선홍·최한영 옮김, 휴머니스트, 2019.

이상희, 『꽃으로 보는 한국문화 1, 2, 3』, 넥서스, 1998.

이영노, 『새로운 한국식물도감』, 교학사, 2006.

이중환, 『택리지』, 신정일 옮김, 다음생각, 2012.

홍희찬, 『이규보의 화원을 거닐다』, 책과나무, 2020.

한국의 꽃 역사 이야기

한국의 꽃 역사 이야기

초판 1쇄 발행 2024년 7월 10일

지은이 김규원 · 구대회 · 김은아 · 김정희 · 박경일 · 박대승 · 임영희 · 최정두
펴낸이 오은지
책임편집 오은지
표지 디자인 정효진

펴낸곳 도서출판 한티재
등록 2010년 4월 12일 제2010-000010호
주소 42087 대구시 수성구 달구벌대로 492길 15
전화 053-743-8368   팩스 053-743-8367
전자우편 hantibooks@gmail.com 블로그 blog.naver.com/hanti_books
한티재 온라인 책창고 hantijae-bookstore.com

ⓒ 김규원 · 구대회 · 김은아 · 김정희 · 박경일 · 박대승 · 임영희 · 최정두 2024
ISBN 979-11-92455-55-6 93480